新农村建设丛书

金针菇高效栽培技术

刘晓龙 蒋中华 编著

吉林出版集团股份有限公司
吉林科学技术出版社

图书在版编目（CIP）数据

金针菇高效栽培技术/刘晓龙编.
—长春：吉林出版集团股份有限公司，2007.11
（新农村建设丛书）
ISBN 978-7-80720-725-2

Ⅰ.金… Ⅱ.刘… Ⅲ.金针菌属－蔬菜园艺 Ⅳ.S646.1

中国版本图书馆 CIP 数据核字（2007）第 143157 号

金针菇高效栽培技术
JINZHENGU GAOXIAO ZAIPEI JISHU

编著　刘晓龙　蒋中华	
责任编辑　李　娇	
出版发行　吉林出版集团股份有限公司　吉林科学技术出版社	
印刷　三河市祥宏印务有限公司	
2007 年 11 月第 1 版	2018 年 10 月第 19 次印刷
开本　850×1168mm　1/32	印张　4　字数　97 千
ISBN 978-7-80720-725-2	定价　16.00 元
社址　长春市人民大街 4646 号	邮编　130021
电话　0431－85661172	传真　0431－85618721
电子邮箱　xnc408@163.com	

版权所有　翻印必究

如有印装质量问题，可寄本社退换

《新农村建设丛书》编委会

主　　任　韩长赋
副 主 任　荀凤栖　陈晓光
委　　员　王守臣　车秀兰　冯晓波　冯　巍
　　　　　申奉澈　任凤霞　孙文杰　朱克民
　　　　　朱　彤　朴昌旭　闫　平　闫玉清
　　　　　吴文昌　宋亚峰　张永田　张伟汉
　　　　　李元才　李守田　李耀民　杨福合
　　　　　周殿富　岳德荣　林　君　苑大光
　　　　　胡宪武　侯明山　闻国志　徐安凯
　　　　　栾立明　秦贵信　贾　涛　高香兰
　　　　　崔永刚　葛会清　谢文明　韩文瑜
　　　　　靳锋云

出版说明

《新农村建设丛书》是一套针对"农家书屋""阳光工程""春风工程"专门编写的丛书,是吉林出版集团组织多家科研院所及千余位农业专家和涉农学科学者倾力打造的精品工程。

丛书内容编写突出科学性、实用性和通俗性,开本、装帧、定价强调适合农村特点,做到让农民买得起,看得懂,用得上。希望本书能够成为一套社会主义新农村建设的指导用书,成为一套指导农民增产增收、脱贫致富、提高自身文化素质、更新观念的学习资料,成为农民的良师益友。

目 录

第一章　概述 ··· 1
第二章　生物学特性 ··· 5
　第一节　分类地位和形态特征 ···························· 5
　第二节　生物学特性 ······································ 9
第三章　菌种生产 ·· 14
　第一节　概述 ·· 14
　第二节　菌种分级 ··· 15
　第三节　消毒与灭菌 ······································ 17
　第四节　基本设施 ··· 23
　第五节　生产设备 ··· 26
　第六节　培养基配制 ······································ 32
　第七节　母种生产 ··· 35
　第八节　原种和栽培种生产 ······························ 39
　第九节　金针菇品种简介 ································· 47
第四章　金针菇栽培技术 ····································· 52
第五章　病虫害防治 ·· 74
　第一节　竞争性杂菌 ······································ 74
　第二节　病原性病害 ······································ 85
　第三节　生理性病害 ······································ 87
　第四节　虫害 ·· 89
第六章　采收加工 ·· 93
　第一节　采收 ·· 93

第二节　加工贮藏 …………………………………… 94
附录 ………………………………………………………… 100
参考文献 ………………………………………………… 120

第一章 概 述

金针菇又名金钱菌、毛柄金钱菌、朴蕈、夏菇、金菇（台湾省）、火菇、冬菇。我国长江以南香菇主产区的菇农把冬天发生（生产）的香菇也称为冬菇，二者极易混淆，因此，冬菇一名不易采用。金针菇子实体由细长而脆嫩的菌柄和形似铜钱大小的菌盖组成，金黄色或黄褐色，因菌柄形状及色泽极似金针菜，故称之为金针菇。其盖滑、柄脆、味鲜，为古今中外著名的食用菌之一。

一、金针菇栽培历史

金针菇是世界上最早栽培的食用菌之一。公元9世纪中期至10世纪，唐末五代初韩鄂在《四时纂要》的《春令·三月》中记载，烂构木埋于地下栽培金针菇（埋土法）的方法，这比西方首次记述的双孢蘑菇栽培（法国路易十四时，1683—1715年）要早700多年。

20世纪30年代，金陵大学（现南京大学）农学院及中央农业实验所曾进行金针菇瓶栽试验。日本的松浦勇编辑出版了《茸类栽培法》，福建三山农艺社潘志农、浙江杭州余小铁在1933年先后出版《四季栽培——人工种菇大全》《种蕈实验谈》等书籍，1958年台湾陈涂砂先生出版了《食用菌人工栽培法》，他们都详细介绍了金针菇的人工栽培方法（段木栽培和瓶栽）。日本森本彦三郎在1925年进行试验，1928年发明利用木屑代料栽培金针菇获得成功。1964年福建三明真菌研究所在全国各地收集野生金针菇菌株，1972年从日本引进"信浓2号"，1982年选育出国内第1个优良金针菇菌株"三明1号"，1984年利用"三明1号"

菌株为父本、日本"信浓2号"菌株为母本，杂交选育出"杂交19号"，使我国金针菇生产得以推广。

二、营养成分及药用价值

金针菇营养极其丰富。据上海工业食品研究所测定，每百克鲜菇中含水89.73克，蛋白质2.72克，脂肪0.13克，灰分0.83克，糖5.45克，粗纤维1.77克，铁0.22毫克，钙0.097毫克，磷1.48毫克，钠0.22毫克，镁0.31毫克，钾3.7毫克，维生素B_1 0.29毫克、B_2 0.21毫克、维生素C 2.27毫克。上清液中含有5'—磷酸腺苷（5'AMP）和核苷类物质。福建农科院采用日立835-50型氨基酸分析仪对金针菇的全氨基酸含量进行分析，金针菇中含有18种氨基酸，每百克干菇中所含氨基酸总量可达20.9克，其中人体必需的8种氨基酸为氨基酸总量的44.5%，高于一般菇类。而赖氨酸和精氨酸含量特别丰富，分别为1.024克和1.231克，能促进儿童的健康成长和智力发育，国外称之为"增智菇"。金针菇中还含有朴菇素，是一种分子量为24 000的碱性蛋白质，对小白鼠艾氏腹水瘤Ec（AS）和肉瘤S-180有抑制作用，具有显著的抗癌功能。经常食用金针菇还可预防高血压和治疗肝脏及胃肠道溃疡等疾病。金针菇中含有酸性和中性的食物纤维，经常食用可以降低胆固醇，防治消化系统的病变。所以，金针菇是一种很好的保健食品。

三、栽培现状及发展趋势

自20世纪80年代以来，金针菇发展较快。1981年世界总产量达6万多吨，1986年上升到10万吨，1997年达15万吨，其产量仅次于双孢菇和平菇，居第3位。1989年冬至1990年春，我国金针菇产量即已超过日本跃居世界第1位，金针菇年产量已达16万吨以上，到2015年末，我国日产金针菇达4000吨以上，成为世界上金针菇产量最多的国家。金针菇主产区在中国、韩国和日本，我国主要集中在浙江、福建和山东等省份。内销主要是黄色或黄白色品种，出口以白色品种为主。我国台湾地区金针菇年产量在 5000 吨左右。

金针菇栽培过去主要以传统一家一户的栽培方式为主，目前，金针菇一家一户生产方式已被工厂化生产所取代。金针菇平均生物学效率（产量）在 90%～100% 之间。1987 年福建南平冷冻厂利用旧的低温冷库（4℃）反季节栽培黄色金针菇获得成功。之后，福建漳州、永泰，广东珠海、深圳、东莞，浙江宁波和象山，湖南岳阳等地相继利用冷气设备进行工厂化生产金针菇。广东番禺市、中山市、深圳市还引进我国台湾省和日本的全套塑料瓶、冷气设备生产金针菇。20 世纪 80 年代末大多生产黄色金针菇品种，20 世纪 90 年代后期开始生产白色品种并进入国内外市场。马来西亚华人也开办生产黄色金针菇的工厂化栽培场。

日本在 20 世纪 60 年代后期，利用空调设备、各种仪器和自动化装置（包括电脑）来调控菇房的温度、湿度、光照和通风，实现周年栽培，现年产量在 9 万多吨。1987 年前，日本应用信浓 1 号、信浓 2 号、初雪上小新 2 号等黄白品种，1988 年全部改用日本食用菌育种专家北本丰选育的白色金针菇优良菌株 M-50 等，一般每瓶 850 毫升平均产鲜金针菇 140 克。

现代金针菇集约化栽培，通俗地说就是金针菇栽培的工厂化、企业化生产。即人为创造条件，模仿金针菇的生物学特性，使用现代厂房、设备和技术进行周年栽培，以满足金针菇生物学特性，获得优质、高产的金针菇。20 世纪 80 年代初期，我国开始用聚丙烯塑料袋为容器代替传统玻璃瓶，进行季节性栽培金针菇。栽培原料除了使用传统的木屑外，已扩展到棉籽壳、甘蔗渣、玉米芯以及作物秸秆等农副产品下脚料。金针菇的单袋产量以及经济效益均高于其他大部分食用菌。

福建闽南金三角已成为金针菇栽培重要产区。1991 年生产规模达 6000 多万袋，创造历年来最高纪录，但所栽培品种大多数为黄色品种，除鲜售外，主要制成罐头，销往东北地区，作为冬季菌类的补充。山东、河北、石家庄等地，利用当地低廉、质优的农副产品下脚料,及冬季低温期长,气候较干燥等有利特点,掀起金针菇栽培热。日本金针菇主要是采用柳杉等软质树种木屑,配以细米糠为栽培原料,以800～1450毫升、口径为5.2～8.0厘米的塑料瓶为容器,机械装瓶、接种,以及各种自动化控制等一整套完整的生产体系进行金针菇工厂化生产。日本长野县蔬菜花卉实验场通过生物工程方法,育成白色金针菇新品种,以菇体雪白、挺直秀丽取胜,很快占领市场并取代了黄色品种。

国内菌类科研工作者通过组织分离获得了该菌株,各地也纷纷试种。在自然季节大规模栽培获得成功,但品质远不如日本生产的金针菇。目前,国内进行金针菇集约化栽培的容器选择17厘米×33厘米、17厘米×36厘米标准聚丙烯塑料袋和800～1450毫升聚丙烯塑料金针菇专用栽培瓶,金针菇专用栽培瓶的应用是今后金针菇集约化栽培的发展趋势。

第二章 生物学特性

第一节 分类地位和形态特征

一、分类地位

金针菇属菌物界、真菌门、担子菌亚门、层菌纲、伞菌目、口蘑科金钱菌属。

二、形态特征

1. 菌丝体 在试管培养基内,培养初期菌丝雪白,呈细绒状、绒毡状,平贴斜面,稍有爬壁现象,生长速度中等,适温培养12天长满试管斜面。菌丝老化时,黄色品种菌丝在斜面上出现淡污色斑块;纯白品系依然呈雪白色。纯白品系菌丝生长速度比黄色品种慢。低温时,斜面试管上易出现细水珠,并出现子实体原基。培养适宜温度为18℃~22℃(根据菌株而定)。显微镜下可以观察到菌丝有锁状联合。

2. 子实体 子实体丛生,成熟子实体由菌盖、菌褶和菌柄3部分组成。菌盖直径2~15厘米,幼时球形至半球形,逐渐开展。

(1) 黄色品系 菌盖直径2~3厘米,初期半圆形至斗笠形,逐渐展开至平坦,空气相对湿度大时,菌盖表面有黏性,淡黄褐色或暗褐色,盖缘通常淡褐色,菌肉近白色,菌褶白色或淡奶油色,菌褶与菌柄弯生联结,菌柄硬,长2~9厘米、直径2~3毫米,上下等粗或上方稍细。菌柄下半部暗褐色,而上半部逐步变淡褐色,最上部有时近白色。初期菌柄内部有髓心,后期变中空。孢子印白色,孢子表面平滑,长椭圆形,(6.5~7.8)微米×（3～4）微米。

（2）纯白品系　子实体形态与黄色品种相近，所不同的仅是整丛色白，基部有短绒毛，连接在一起，易分开。

子实体发育属半被果型。金针菇可分为两型，即长孢型和绒柄型，这两型有不同的酶溶性，是不亲和的属的近缘种。

担孢子在显微镜下观察无色，表面光滑，椭圆状卵形，（5～7）微米×（3～4）微米，内含1～2个油球。孢子印白色。

粉孢子无色，表面光滑，圆柱形，近杆状或卵圆形，大小为（3～9）微米×（2～4）微米，在菌丝分支处形成的粉孢子呈丫形。

菌丝白色，分支多，有锁状联合。在琼脂培养基上菌落细绒毛状，菌丝爬壁，后期菌落中间常形成黄色斑迹，在试管培养基上极易形成子实体。

3. 习性　金针菇是秋末春初寒冷季节发生的一种朵型较小的伞菌，发生于朴树、柿树、柳树、榆树、构树、桑树、槭树、枫杨、桂花、枫树、拟赤杨和柳杉等阔叶树的枯干、埋木、树桩上。

4. 分布　金针菇广泛分布于中国、日本以及欧洲、北美洲和澳大利亚等地。

三、生活史

金针菇生活史比较复杂，有性繁殖产生担孢子，子实层上的每个担子产生4个担孢子，有AB、Ab、aB、ab四种交配型。性别不同的单核菌丝之间进行结合，产生质配，形成每1个细胞有2个细胞核的双核菌丝，双核菌丝经过一个阶段的发育后，就扭结形成原基，并发育成子实体。子实体成熟时，菌褶上形成无数的担子，在担子中进行核配，双倍核经过减数分裂，每个担子先端着生4个担孢子。金针菇就是按照这种方式完成自己的生活史。

金针菇无性繁殖产生大量单核的粉孢子，粉孢子在适宜条件下，萌发成单核菌丝。不同性别的单核菌丝经过质配形成双核菌丝，之后形成子实体，产生担孢子。金针菇菌丝还可以断裂成节孢子。但是节孢子与粉孢子产生方式都是由菌丝断裂而成，只是形态上略有差别。

金针菇生活史和其他木腐食用菌不同，即金针菇单核菌丝能形成正常形态的子实体。但与双核菌丝相比，菌丝生长速度慢，出菇晚，出菇数量和产量不如双核菌丝。单核菌丝抗逆性差，易感染杂菌，出菇不整齐。

四、粉孢子特性

1. 粉孢子的产生　单核菌丝和双核菌丝均可形成粉孢子。担孢子萌发形成单核菌丝，单核菌丝培养1周后，通常多是气生菌丝形成粉孢子，但基内菌丝和表面菌丝也可产生粉孢子；而在双核菌丝的气生菌丝上产生粉孢子，在菌落中央的老菌块上，可见到粉孢子堆。粉孢子形成均由单、双核菌丝断裂前停止伸长而产生的。

2. 粉孢子形成与环境的关系　在各种有利于金针菇菌丝生长的条件下，无性繁殖均能或多或少地形成粉孢子。但在菌丝培养时间长和养分不足等不利生长情况下，粉孢子形成多。说明培养基成分和菌龄长短对粉孢子形成有一定影响。此外，温度高低对粉孢子形成也有影响。而光线对粉孢子形成关系不大。

3. 粉孢子的作用　粉孢子具有单核，并且具有结实性。粉孢子萌发产生菌丝体可进行无性繁殖，也可与异宗菌丝结合进行有性繁殖。因此具有双重功能，可利用这特性进行杂交育种。

五、金针菇子实体的形态发生

金针菇单核菌丝阶段很短，担孢子萌发成单核菌丝之后，立刻结合形成双核菌丝。双核菌丝在适宜的营养和环境条件下，形成大量子实体。但在这些子实体中，菌盖、菌柄小的金针菇和菌盖大、菌柄容易伸长的子实体常是首先形成主枝，而菌盖小、菌柄不容易伸长的子实体是从主枝上长出来的第1次分支（第1侧枝），第1次分支上还可以产生第2次分支。一般来说，侧枝比主枝生长缓慢，因此，菌盖小，菌柄也短。因为侧枝含水分多，很软弱，所以容易形成畸形菇，菌盖和菌柄也容易变成黄褐色。

根据金针菇分枝情况，株丛形成大体上可分为两种类型：

(1) 细密型（多柄型）　菌柄极多，容易分枝，株丛细密。

(2) 粗稀型（少柄型）　菌柄较少，不容易分枝，株丛粗稀。

分枝类型同菌种各品系固有的特征有关，也和栽培条件有关。细密型因菌柄数目极多，一般菌柄细；而粗稀型因菌柄数目不多，故粗壮。

分枝方式本质上没有区别，但催蕾和抑制栽培的条件不同，分枝数目会有改变。催蕾好的栽培瓶（袋），同时发生的子实体个数多，不出现分枝或每根主枝上分枝数目少。但是，培养基干燥或营养不足，发生的朵数减少后，分枝数目就会增多。此外，分枝后，菌柄伸长能力有强有弱，因品系而有差异。一般来说，主枝发育良好的品系分枝弱，主枝（柄）发生差的品系分枝强。

金针菇和平菇一样，都有生长发育快，容易产生子实体的特性。因此，成熟期短，适于瓶栽或袋栽。木屑瓶栽金针菇出菇更旺盛，每瓶可产数十到数百朵子实体。瓶栽或袋栽时，由于控制栽培条件，金针菇失去原有特性，菌盖变小，直径1厘米左右，菌柄可达13～15厘米或更长。色泽变白或淡黄，这种白色软化栽培所得到的金针菇，比菌柄粗短，黄褐色的野生金针菇更受消费者欢迎。

按子实体色泽分，金针菇品系有浓色品系和浅色品系。浓色品系菌盖黄褐色，菌柄茶褐色，绒毛多。浅色品系菌盖白色或淡黄色，菌柄白色或浅黄色，很少有绒毛或无绒毛。

第二节 生物学特性

一、营养条件

金针菇是木腐食用菌,它能利用木材中的单糖、纤维素和木质素等化合物。但和香菇、平菇、凤尾菇等食用菌不同,分解木材能力较弱,坚硬树木砍伐后,没有达到一定腐朽程度不生长金针菇子实体。金针菇对营养要求如下:

1. **碳源** 是金针菇生长发育的重要营养来源,它不仅能提供碳素作为合成碳水化合物和氨基酸的原料,同时,它是供应金针菇生命活动的能源和构成细胞的主要成分。金针菇所需碳素营养都来自有机碳,如纤维素、木质素、淀粉、果胶、戊聚糖类、有机酸和醇类等。其中以淀粉为最好;其次是葡萄糖、果糖、蔗糖、甘露醇;麦芽糖、乳糖、半乳糖和甘露糖也能利用。烃类化合物不是好的碳源。酒精、甘油等醇类、琥珀酸、苹果酸、枸橼酸等有机酸类也能利用一些。金针菇不能利用二氧化碳和碳酸盐等无机碳。在实际栽培中,并非所有木屑都适合金针菇菌丝体生长和子实体形成。宜选用阔叶树的木屑,而且木屑经堆积发酵、陈旧、经过部分分解的更适合金针菇生长。

2. **氮源** 是金针菇合成蛋白质和核酸的主要原料。金针菇可以利用多种氮源,其中以有机氮最好,天然含氮化合物次之,无机氮中的铵态氮再次,无机氮中硝态氮最差。有机氮如蛋白胨、谷氨酸钠、天门冬氨酸、缬氨酸、酒石酸铵和尿素等;天然含氮化合物如牛肉浸膏、酵母浸膏和麦芽浸膏等;无机氮中铵态氮如硫酸铵,硝态氮如硝酸钠和亚硝酸钠等。在大面积栽培中,以细米糠、麸皮、玉米粉、大豆粉和棉籽壳粉为主要氮源。氮源多少对金针菇菌丝体和子实体生长发育有很大影响。金针菇要求含氮量较高,但并非氮源越多越好,高浓度氮反而有碍子实体发生和生长,其碳氮比以 30:1 为宜。

3. 矿质元素　金针菇生长发育还需要一定量的矿物质元素，如磷酸二氢钾、磷酸氢二钾、硫酸钙、碳酸钙和硫酸铁等。金针菇从这些无机盐中获得磷、铁、镁等金属元素。其中以磷、钾、镁三种元素最为重要，适宜浓度是每升培养基含100～150毫克，而铁、钴、锰、锌、钼、钙等元素需要量甚微，每升培养基只需千分之一毫克。由于在普通用水中含有这些金属元素，因此不必另外添加。镁离子和磷酸根离子对金针菇生长有促进作用。特别是粉孢子多、菌丝稀疏的品种，添加镁离子、磷酸根离子后，菌丝生长旺盛、速度加快，子实体分化速度也加快。尤其磷酸根离子是金针菇子实体分化不可缺少的。在生产中，常添加硫酸镁、磷酸二氢钾、磷酸氢二钾等作为主要无机营养。

4. 维生素　金针菇还需要一定量的维生素和核酸等有机物，需求量虽然很少，但不可缺少。金针菇是维生素B_1、维生素B_2天然缺陷型食用菌，必须由外界添加维生素B_1、维生素B_2才能生长良好，如硫胺素（维生素B_1）至少在0.01毫克/升以上，还需一定量的核黄素（维生素B_2）。因为在马铃薯、米糠中含有较多的维生素，所以用这些材料配制培养基时可不必再添加维生素。但是对于粉孢子多、菌丝稀疏的金针菇菌株，在配制母种培养基时，需添加少量维生素B_1或维生素B_2（可采用口服的维生素B_1、维生素B_2），菌丝才能生长旺盛。但这些维生素多数不耐高温，在120℃以上高温时极易被破坏，因此，在培养基灭菌时需要短时间高温。另一种避免维生素溶液被破坏的办法是通过细菌漏斗过滤器在无菌箱中把维生素加到灭菌培养基中。该操作方法需认真小心，否则容易发生污染。

5. 酸碱度（pH值）　金针菇菌丝在pH值3～8.4范围内都能生长，而子实体只能在pH值4～7.2之间形成，pH值5～6之间子实体产生最多、最快。所以，一般采用自然的pH值（小于6）。在添加磷酸根离子和硫酸镁的酸性琼脂培养基中，菌丝生长旺盛。

二、生长发育与环境条件

1. 温度 金针菇属低温恒温结实性食用菌。温度是控制金针菇菌丝生长和子实体形成的重要因素。金针菇孢子在15℃～25℃时大量形成,并容易萌发成菌丝。菌丝生长最适温度根据培养基种类和品系而有所变化,菌丝在4℃～33℃范围内生长。当温度在3℃～4℃时,金针菇菌丝生长缓慢,但不会死亡,在适宜温度下,它又正常生长。金针菇菌丝耐低温能力强,在－21℃经过138天后仍能存活。而在34℃以上,菌丝停止生长;超过34℃不久菌丝即死亡。所以,金针菇菌丝对高温抵抗力较弱。自然条件下,夏季高温时期菌丝生长不旺盛,秋末气温下降后,菌丝才开始迅速生长,从秋末到冬初形成子实体。

金针菇子实体形成温度在5℃～20℃之间,原基形成最适宜温度在12℃～15℃,子实体分化快而多。6℃～10℃比14℃～16℃晚4～6天,但子实体较粗壮。在18℃～19℃下虽能分化,但比14℃～16℃晚12～17天,子实体数量多而细小。高温对金针菇子实体分化不利。一般最高不超过21℃,21℃以上不出菇。个别耐高温品种在23℃也能出菇,但菇蕾生长不好,容易干枯。在21℃～23℃只能长几个细弱的子实体。子实体分化后,不论是在15℃～20℃或3℃～5℃下,都能发育长大,但在15℃～20℃生长迅速,而24℃～25℃对金针菇子实体发育有不良影响。金针菇虽然能忍耐较低温度,但在3℃以下,菌盖变为麦芽糖色,冰点以下变为褐色。

2. 水分和空气相对湿度

水分和空气相对湿度也是金针菇菌丝体和子实体生长不可缺少的因素。

(1) 含水量 基质含水量是决定出菇的重要因素,只有含水量充足,子实体才能形成。金针菇为喜湿性食用菌,抗干旱能力比较弱,菌丝在含水量60%～80%培养基中能正常生长发育,最适培养基含水量为70%(其中除散失4%,瓶口蒸发3%左右,菌丝阶段实际含水量为63%），此时菌丝体生长快，而且对子实体形成有利。水分过多、过少都会影响菌丝体生长。特别是含水量过大，菌丝体生长缓慢，甚至不生长。培养室空气相对湿度应控制在60%左右，以防空气相对湿度过高，污染率增大。

（2）空气相对湿度　金针菇在空气相对湿度75%～95%均能分化。95%以上空气相对湿度对分化有延迟作用。已分化的小菇在空气相对湿度75%～95%时均能快速生长，但在不超过90%所形成的子实体粗壮、坚实。95%以下形成的子实体菌柄长、菌盖小、伞肉薄。金针菇在通气不良的两种空气相对湿度（75%～85%及95%）下，所形成的子实体相似，柄长（12～14厘米）而盖小（直径2～3.5厘米）。出菇室空气相对湿度控制在80%～95%。根据温度变化，菇房空气相对湿度有所变化，一般低温时，空气相对湿度可大些，高温时空气相对湿度要降低，以免发生病虫害及杂菌感染。

3. 空气　金针菇是好气性食用菌，菌丝在很低的氧分压下仍能或多或少地生长，因而菌丝生长阶段对氧气要求不严格。但是，子实体形成阶段需要充足的氧气，否则在密闭容器中不形成子实体，即使形成子实体，菌盖生长也受抑制。如果用石蜡封闭长满菌丝的栽培瓶，60天后也不能分化出子实体。但是金针菇菌盖直径随着二氧化碳浓度（0.06%～4.9%）增大而变小，二氧化碳浓度超过1%就会抑制菌盖发育（空气中二氧化碳浓度为0.03%），当二氧化碳浓度达到4%，经过20天后子实体不能分化，5%则不能形成子实体。较高浓度的二氧化碳可促进菌柄伸长。3%二氧化碳浓度不影响菌柄生长，相反，菌盖生长受抑制，而且菇体总重量增加。但是，二氧化碳浓度过高会抑制菌柄生长，一般以不超过4%～5%为限。当金针菇子实体从瓶口长出3～4厘米时，必须套上通气差的纸筒，抑制菌盖生长，促进菌柄伸长。因此，人工栽培金针菇时，金针菇菌柄比野生金针菇菌柄长得多。

4. 光线　金针菇是厌光性食用菌，菌丝生长不需要光线，在黑暗条件下正常生长，日光曝晒即会死亡。在黑暗条件下，金针菇原基也能形成，菌柄也能生长，但光线是子实体成熟所必需的。光线对子实体形成有促进作用，光线能促进子实体发生。在散射光下子实体出现时间比黑暗下提前。可是，为了得到优质金针菇，又必须在暗室中栽培。在光线微弱或黑暗地方栽培，菌盖和菌柄色泽变浅，为黄白色至乳白色，同时，抑制菌柄基部绒毛发生以及色素形成。在瓶口套上包菇片可使菌柄伸长、菌盖色浅。

第三章 菌种生产

第一节 概 述

自然选种也称为常规选种、常规育种，这是获得优良品种简单而有效的方法。最初的食用菌菌种和品种都是通过这一方法获得的。食用菌在自然界的生存和进化中，由于不同的环境条件，形成了不同的遗传性状，可以从中分离和筛选出具有优良农艺性状的适合栽培的食用菌品种。目前使用的许多品种都是从野生食用菌子实体分离、筛选、驯化和培育而来的。野生食用菌和人工栽培的食用菌在生长发育过程中都会产生变异，从突变的个体中选育优良品种，也是自然选种的一种方法。如白色双孢菇是从奶油色蘑菇突变个体中选育出来的，白色平菇是从灰色糙皮侧耳突变个体中选育出来的，黑灰色平菇低温品种是从灰白色美味侧耳突变个体中选育出来的。食用菌菌种分离方法主要有组织分离法、基内菌丝分离法和孢子分离法3种。

一、组织分离法

选择新鲜干净、农艺性状好的子实体，在无菌条件下用手或镊子将食用菌子实体掰开，再用灭菌的接种刀，在掰开断面切一小块菌肉，迅速移到琼脂培养基上，放在适宜温度26℃～28℃下培养，就能从菌肉上长出新的菌丝体。子实体分离法简单可靠，比较常用。

二、基内菌丝（或菇木）分离法

基内菌丝分离是利用生长食用菌菌丝的基质作为分离材料进行分离的一种方法，属于组织分离法中的一种。在食用菌生产上主要是利用菌种袋（瓶）、栽培袋和段木等作为基内菌丝分离对象，如果是菌种袋（瓶）或栽培袋，多选用袋（瓶）底部菌丝较幼嫩的部分进行分离。分离时取一块无污染的菌丝块，在无菌条件下，掰开菌丝块，从中挑取绿豆大小、菌丝生长旺盛的菌丝块，移入试管即可。菇木分离法简单，但不可靠，必须进行出菇试验后才能使用。

三、孢子分离法

孢子分离法分为单孢分离和多孢分离。就是采用成熟的食用菌子实体，在无菌条件下使子实体进行孢子弹射，然后进行培养，再选择不同形态特征的食用菌单个菌落，移接到斜面培养基上进行杂交，最后进行出菇实验。这种方法技术复杂，一般食用菌科研单位进行杂交育种时使用。

第二节　菌种分级

食用菌菌种是指在适宜基质上发育良好并已充分蔓延，具有结实能力，可用做食用菌生产种源的菌丝体。食用菌菌种分为固体菌种和液体菌种两种，固体菌种又分为母种、原种和栽培种。生长在固体培养基上的食用菌菌种称为固体菌种。目前我国食用菌生产上使用的各级商品菌种都是固体菌种，如以试管作为容器的斜面母种，以菌种瓶（袋）为容器的原种和栽培种。固体菌种的母种大多采用PDA试管培养基，固体菌种的原种和栽培种大多采用木屑培养基，也有采用其他类型固体菌种培养基的；液体菌种是将固体母种接入装有液体培养基的特定容器里，并给予必要的生长条件，通过振荡、搅拌或气流旋涡等方式，使之迅速繁殖而产生菌丝球，称为液体菌种。液体菌种由于缺乏质量检验技术和方法，且技术要求高、生产难度大、成本高以及技术复杂等原因，尚未大面积推广应用，只是在平菇、黑木耳、灵芝、金针菇和杏鲍菇等品种上进行小面积栽培试验。目前大多数食用菌加工企业和药厂应用液体发酵菌丝体提取有效成分，而不是用于栽培食用菌。

一、菌种分级

1. 菌种分级　我国食用菌菌种分为母种、原种和栽培种三级。母种是经各种方法选育得到的，具有结实性的菌丝体纯培养物及其继代培养物，以玻璃试管为培养容器和使用单位，也称一级种、斜面种或试管种。母种又分为保藏母种、扩繁母种和生产母种等；原种是用母种在木屑、粪草等天然固体培养基上扩大繁殖而成的菌丝体纯培养物，称为原种，也叫二级种。原种常以透明的玻璃瓶、塑料菌种瓶或14厘米×28厘米聚丙烯塑料袋为培养容器和使用单位，原种用来繁育栽培种或直接用于栽培；栽培种是用原种在天然固体培养基上扩大繁殖而成的，直接作为栽培基质种源的菌种，称为栽培种，也叫三级种。栽培种常以透明的玻璃瓶、塑料瓶或塑料袋为培养容器和使用单位。栽培种只能用于栽培，不可再次扩大繁殖菌种。一般采用母种生产原种，采用原种生产栽培种，栽培种再用于食用菌栽培。

2. 菌种类型　食用菌固体菌种主要有以下几种类型：木屑种、粪草种、谷粒种、木块种和颗粒种，这几种菌种类型都有各自的优缺点。

（1）谷粒菌种　指用小麦、玉米、高粱或谷子等作物子粒做培养基生产的食用菌菌种。国外欧、美等国家双孢菇生产中使用的几乎全是谷粒菌种。国内双孢菇工厂化生产企业使用谷粒菌种，国内一些食用菌菌种生产企业和食用菌栽培户也选择谷粒菌种。谷粒菌种具有菌丝生长健壮、生命力强、发菌快，在基质中扩展迅速等优点；缺点是鼠害发生严重。

（2）枝条菌种　是采用木筷或枝条作为培养基而生产的食用菌菌种，枝条菌种常在香菇和黑木耳等食用菌栽培上应用。它的优点是菌种在接种时不受伤害，菌丝萌发快，污染率低；缺点是菌种生产技术要求高，菌种培养期长。

二、菌种繁育体系

1. 二级菌种繁育体系　　就是不经过原种生产过程，采用母种直接生产栽培种，栽培种直接用于食用菌生产的菌种繁育体系。如我国金针菇就是采用二级菌种繁育体系生产的；而日本菌种生产都是采用二级菌种繁育体系，即母种生产栽培种。

2. 三级菌种繁育体系　　就是采用母种生产原种，采用原种生产栽培种，栽培种再用于食用菌生产的菌种繁育体系。我国食用菌菌种生产大多采用三级繁育体系，即母种、原种和栽培种，但金针菇和黑木耳除外。我国食用菌菌种繁育体系包括二级菌种繁育体系和三级菌种繁育体系两种，但是主要以三级菌种繁育体系为主，金针菇采用二级菌种繁育体系。

第三节　消毒与灭菌

一、消毒与灭菌

1. 消毒与灭菌概念　　消毒是通过物理或化学方法杀死或除去部分微生物，如病原微生物、微生物营养体等，但是对芽孢或某些孢子不起作用，它是部分的、表面的杀死有害微生物。子实体组织分离时，表面用酒精处理杀死杂菌营养体，而内部活的组织细胞没有受到伤害和杀死，如喷雾、熏蒸等。灭菌是通过物理或化学方法杀死或除去所有微生物。它是全部的、彻底的。如培养基采用高压蒸气灭菌等，是将灭菌锅内所有灭菌物表面及内部活的组织细胞全部杀死，如火焰灼烧、常压灭菌等。

2. 消毒与灭菌关系　　消毒是相对无菌，灭菌是绝对无菌，消毒和灭菌是有区别的：消毒是通过物理或化学方法杀死或除去部分微生物的方法，如子实体组织分离时，表面用酒精处理杀死杂菌营养体，而内部活的组织细胞没有受到伤害和杀死，但是不能将被消毒物品上微生物活体全部杀灭。因此，消毒物品不是无菌的，只是比消毒处理前微生物种类和数量有所减少，所以说消毒是部分的、表面的,是相对无菌的。灭菌是杀灭物品或空气中一切微生物活体(包括细菌芽孢)的方法,灭菌处理后的物品是无菌的,如常用的高压蒸气法灭菌的培养基和在酒精灯火焰上灼烧过的金属接种工具都是无菌的,因而灭菌是全部的、彻底的,是绝对无菌的。

二、消毒方法

1. 物理消毒法　如无菌室用紫外线灯消毒,这是由于紫外线穿透力弱,所以只适用于空气和物体表面消毒;紫外线灭菌是利用紫外线灯照射,使细菌发生直接光化学反应,将细菌细胞质诱导形成胸腺嘧啶双聚体,从而抑制 DNA 复制而致死;另一方面,空气在紫外线照射下,一部分氧原子(O_2)电离成离子氧(O),再将一部分原子氧(O_2)氧化成臭氧(O_3),或将水(H_2O)氧化成过氧化氢(H_2O_2),离子氧、臭氧和过氧化氢均具有一定的杀菌作用,使空气中的细菌死亡。

2. 化学消毒法　化学消毒法是用化学药品来杀灭或抑制杂菌的生长与繁殖。在微生物学中,把用于杀灭杂菌的化学药物称为消毒剂,用于抑制杂菌的化学药物称为防腐剂。实际上两者之间并无严格界限,因为消毒剂在低浓度时只具有抑菌作用,而防腐剂在高浓度时也能杀菌。因此,一般统称为消毒防腐剂。消毒剂主要用于体表、器械和环境等消毒,理想的消毒剂应该是杀菌力强、价格低、能够长期保存、无腐蚀性、对人无毒或毒性较小的化学药剂。

食用菌常用消毒药剂主要有甲醛、高锰酸钾、硫黄、酒精、漂白粉、苯酚、煤酚皂、新洁尔灭和多菌灵等。甲醛又称福尔马林,高锰酸钾为具有金属光泽的暗紫色棱状晶体,是强氧化剂,二者配合使用进行菇房熏蒸;硫黄主要用于培养室熏蒸,有杀菌、杀虫、杀螨作用;酒精学名乙醇,70%~75%浓度主要用于分离菌种或皮肤表面消毒;漂白粉也叫含氯石灰,为白色粉末,3%浓度用于地面、空间和水消毒;石炭酸化学名为苯酚,3%~

5%水溶液用于培养室或器械消毒；煤酚皂也叫来苏儿，3%～5%水溶液用于培养室或工具消毒；新洁尔灭也叫季铵盐，5%水溶液用于皮肤、器械和培养室消毒；多菌灵有50%和25%可湿性粉剂两种剂型，目前市场上又出现了80%可湿性粉剂，主要用于培养料拌料和培养室消毒，抑制霉菌生长。

三、灭菌方法

1. 干热灭菌　是借加热高温空气进行灭菌的方法。即利用高于微生物的最高生长温度来破坏蛋白质和核酸中的氢键，使蛋白质变性，酶失去活性，新陈代谢发生障碍，而导致细菌死亡。此法又分为火焰灭菌法和热空气灭菌法两种。

（1）火焰灭菌　是一种利用火焰直接焚毁微生物最简单的干热灭菌方法。特点是灭菌迅速、彻底，此法是将能耐高温的器物，直接在火焰上烧灼，使附着在物体表面的微生物死亡。使用火焰灭菌同时，需结合酒精消毒，即将接种针、接种钩等需要彻底灭菌部分先用酒精擦洗后，放在酒精灯火焰上灼烧，较细小用具可烧红几秒钟，较粗大的器具灼烧时间要长些，即可达到灭菌目的。此法简便彻底，但应用范围有限，仅适用于能耐焚毁物件的灭菌，如接种工具、试管口、菌种瓶口等灭菌。

（2）热空气灭菌法　是利用加热的高温空气进行灭菌的方法，又称干热灭菌法、干烤灭菌法。干烤时热力传播和穿透主要靠空气对流或介质传导。对室内空间，可用火炉或火堆，使室温升至60℃以上，并保持12小时，可达到灭菌目的。此法可同时排除潮湿空气，降低温度，抑制杂菌滋生。少量物品干烤灭菌，一般都在电热鼓风干燥箱内进行，将物品放在电热鼓风干燥箱中，通过加热使箱内空气温度上升而达到灭菌目的。具体操作方法如下：

①将事先洗涤晾干或烘干的培养皿、移液管等器皿用纸包好，放入干燥箱内，注意不要塞得太满，要留有空隙，使箱内空气流通和温度均匀。

②关门后接通电源，转动温度调节旋钮，使温度逐渐上升至

160℃~170℃，恒温保持 2 小时，然后切断电源。

③待温度降至 70℃以下时，方可打开箱门，切勿在高温时开门，以免因氧气突然进入箱内而引起明火，或因突然降温导致玻璃器皿破裂。

本法只适用于制种中玻璃器皿及金属器械等灭菌，对培养基或其他含水分物质则不能使用。如果灭菌物品用纸包裹或带有棉塞时，必须严格控制温度不超过 170℃，以免烤焦报纸和棉塞而引起火灾。此法优点是灭菌彻底，可保持器皿干燥。

2. 湿热灭菌　湿热灭菌是利用蒸气高温来破坏菌体蛋白质而达到彻底灭菌的方法。湿热灭菌也属于加热灭菌，是常用的一种灭菌方法。它不需要像干热灭菌时那样的高温，相同温度，湿热杀菌力比干热杀菌力大。这是因为湿热灭菌时产生的热蒸气穿透力强，在湿热条件下，微生物吸收水分，蛋白质容易凝固变性。此外，当蒸气与被灭菌物质接触凝结成水时，又可释放出热量，加速温度提高，从而又能增强灭菌效果。有些易变质物品，如食用菌培养基等必须采用这种方法进行灭菌。根据加温和处理方式不同，湿热灭菌又分高压蒸气灭菌法、间歇灭菌法、常压蒸气灭菌法和热浴灭菌法 4 种：

(1) 高压蒸气灭菌法　是将灭菌物置于密封容器内，利用加压高温蒸气在较短时间内达到彻底灭菌的方法，又称加压蒸气灭菌法。高压灭菌是根据水的沸点可随压力增加而提高的原理，当水在密封紧闭的蒸锅中，其蒸气不能外溢，致使压力不断上升，从而使水的沸点不断提高，锅内温度也随之增加。这样杀灭细菌和芽孢所需的时间会缩短，所以是一种有效的灭菌方法。它适用于培养基、生理盐水、玻璃器皿及用具等灭菌。当压力在 0.11 兆帕（1.05 千克/厘米^2）时，锅内温度可达 121.3℃，保持 25～30 分钟即可杀灭所有细菌和芽孢。

高压灭菌设备常用的有手提式小型手提高压灭菌器、立式高压灭菌器和卧式高压灭菌器 3 种类型。其中卧式高压灭菌器中，容量较小的是直热式,即自带蒸气发生器,直接加热产生蒸气灭菌,容量较大的压力容器蒸气多是外源性的,即自身无蒸气发生器,而是从外部通入蒸气,需要蒸气锅炉为其供气。不同规格和型号的高压灭菌器使用方法不同,使用前要详细阅读使用说明书。

下面以立式高压蒸气灭菌器为例介绍具体操作方法如下:

①打开进水阀,向漏斗中加水,或打开锅盖向锅内加水,当水达到水位标记高度时停止加水,并关闭阀门。有的锅直接通蒸气则不用加水。

②打开排气口,然后点火或通电加热,再装入待灭菌物品,但不要放得太挤,以免影响蒸气流通,造成灭菌不彻底。

③盖好锅盖,以对角线均匀逐一拧紧螺丝,使锅密闭。当水沸腾后,锅内充满水蒸气,冷空气就从排气口排出。

④待冷空气排尽后,关闭排气口。蒸气上升后继续放冷气5~10分钟,否则压力表会出现假升压现象,即压力表虽然已指到0.11兆帕(1.05千克/厘米^2),而锅内温度却只有100℃,因而会造成灭菌不彻底。

⑤当压力表显示出所需压力时,如培养基中含有葡萄糖等不耐热成分,则用0.11兆帕(1.05千克/厘米^2)压力灭菌25~30分钟,如培养基是由木屑、玉米芯等组成,则用0.11~0.14兆帕(1.05~1.5千克/厘米^2)压力灭菌2~2.5小时,调节火力,使压力保持稳定,记下灭菌开始时间,维持压力至规定时间后熄火或断电,自然降压。

⑥灭菌完毕,应使锅内压力缓慢下降至0.05兆帕(0.5千克/厘米^2)以下,方可打开放气阀,否则由于锅内突然减压,会引起培养基和其他液体从容器内喷出,或沾湿棉塞,导致杂菌污染或塑料袋胀破造成损失;当压力表指示下降到0.05兆帕(0.5千克/厘米^2)时,打开放气阀缓慢放气。待压力下降至零时,方能打开锅盖,取出灭菌物;压力表指针未降到零时,不能

打开锅门,以防被灭菌物破裂喷出伤人。

⑦如果连续使用,应注意补充锅内水量。使用完毕,立即打开出水阀和冷凝出水口,放尽锅内余水,使锅内保持干燥,以防日久生锈。

在没有专用高压灭菌器时,少量培养基及用具也可用家庭厨房用的高压锅进行灭菌,同样可达到彻底灭菌目的。操作方法是在锅内加入足够量的水(5~6厘米),将待灭菌物品放在锅内搁板上,盖好锅盖,打开煤气开关调旺火,待锅内大量蒸气排出5~6分钟后,扣上限压阀,当限压阀开始排气后,小火连续灭菌30分钟,从灶上取下锅,待冷却后,缓慢取下限压阀,排出余气后,打开锅盖,取出灭菌物。

(2)常压间歇灭菌法 是湿热灭菌方法的一种,又称达尔灭菌法。在没有高压灭菌设备条件下,对一些不宜用100℃以上温度灭菌的物品,欲杀灭其中的细菌芽孢,可采用此法。具体操作方法是将培养基或其他灭菌物放置在蒸锅内,经100℃流动蒸气灭菌30~120分钟,杀死细菌营养体,但不能杀死细菌芽孢,然后将灭菌物取出,放置在28℃恒温培养箱中培养24小时,诱发其中残留的芽孢萌发成营养体(即菌丝体),然后再放入蒸锅内常压灭菌30分钟,以杀死新萌发的营养体。如此反复连续常压灭菌3次,即可杀死灭菌物的全部芽孢。此法由于不需加压,采用普通家庭厨房用的蒸笼即可进行灭菌;缺点是操作麻烦,耗时长。

(3)常压蒸气灭菌法 是将灭菌物品放在常压灭菌锅内,以自然压力的蒸气进行灭菌的方法,又称流通蒸气灭菌法。由于灭菌锅的密封性及栽培者所处海拔高度不同,灭菌温度一般在95℃~105℃之间,灭菌时间以锅灶冒大气开始计算,保持8~10小时以上。此法优点是:

①容量大,一般一锅可装数百至千瓶(袋)。

②锅灶结构简单,可自行制造。

③ 材料易得，成本低。

④ 培养基养分不受长时间高温破坏，有助于培养料中的有机物分解。因此，已被食用菌栽培户广泛用于制作原种、栽培种的培养基灭菌和熟料栽培的培养料灭菌。

（4）热浴灭菌法　是将物品放在加热的介质中，例如油类、甘油、液体石蜡或各种饱和盐类溶液中，用其高温进行灭菌，称为热浴灭菌法。热浴灭菌是在不具备专门的高压蒸气灭菌设备或其他特殊情况下使用的一种简易方法。它不能处理大型物品，并需专人守候火力来控制温度，只可用于少量物品的灭菌。此法在一般煮锅中即可进行，但必须有一支温度计用以测定介质温度。

生产上常用灭菌方法有火焰灭菌、常压蒸气灭菌和高压蒸气灭菌3种。

第四节　基本设施

栽培金针菇准备工作包括生产厂房、栽培场地、生产设备以及原材料等4方面。生产厂房包括拌料场地、装袋场地、灭菌场地、接种室和培养室；栽培场地就是金针菇出菇的地方；生产设备包括装袋机、灭菌锅、接种箱或离子风机以及拌料设备、接种设备等；原材料包括栽培袋、套环、无棉盖体或棉塞、玉米芯、木屑、棉子壳、麦麸、米糠、豆粉、石膏粉、白糖和石灰粉等。

按照金针菇栽培规模大小可分为：

（1）庭院式　设备简陋，规模较小，投资少，基本是手工操作，根据市场需求自产自销。

（2）中型栽培场　具有企业性质，投资较大，操作是半机械半手工，生产效率较高，产品通过公司组织销售。

（3）现代化栽培场　具有专业公司性质，规模较大，生产设施与设备现代化，金针菇生产条件和出菇环境都是自动控制，生产效率高，效益高，但生产成本也高。

选择栽培场所包括发菌场所和出菇场所。发菌可以选择培养室或简易大棚,培养室通风较差,一定要有地窗和排气孔,并安装排风扇。一般每平方米可放置 200～300 袋,超量放置会造成通风差,发菌速度慢,高温烧菌,上下层温差大等一系列问题。简易棚发菌通风好,但一定要做好保温和排湿等工作。出菇应选择低温冷库或者地下防空洞等场所。

一、生产场地布局

金针菇生产场地布局应注意地形、方位、风向、生产规模、工艺流程、走向等,要统筹安排,防止交叉安排布局,引起生产混乱。

金针菇生产场地应包括制种、栽培、经营管理及仓库等 4 部分。西北角为原材料堆放场和晒场,也是培养瓶的堆放场地。由此向西南角分别为原料仓库,对角线开设 2 道进出料门。库房与配料、分装车间为菌种瓶堆放场所。从配料、分装车间到灭菌间再相继到冷却间、缓冲间、接种室,应为一条龙走向。

有一定规模的金针菇生产场应设多间培养室,以适应多场及二场制栽培。除此以外,生活区均应设在东北角。栽培场地应远离制种区。设立栽培废料灰化、沤制或再利用处理场区。总之,要按照自身条件因地制宜地规划成"一"字或"L"字形布局。

庭院式家庭菇场或生产专业户,只能利用空余房间和地窖、房前屋后的宅地,合理安排。把制种培养室和栽培场隔开。栽培场利用自然场地或搭建简易菇棚,防止人、菇不分家,生产人员吸入过量孢子而引起疾病。

二、栽培设施种类及结构

金针菇栽培设施建设要有一个整体设计,并选择好场地。然后根据金针菇对生活条件的需求建造成冬暖夏凉,保温保湿,气流通畅,有散射光或无光的生产厂房。同时,栽培场所不要靠近有毒气、废水的化工厂,饲料仓库,禽畜场和粪便集中的场所,最好靠近水源。四周有绿化带或天然林区,有利于净化空气,改善小气候。有条件时修筑人行道和车行道，以便运输。

1. 砖木和水泥结构菇房　可以用旧房改造，也可以新建。一般高产菇房多为屋脊式，栽培面积为160～240平方米，长20～30米、宽8米、高5～6米；坐北朝南，南面设2扇门，南北面均设透气窗（40厘米×40厘米）。菇房内床架设置应考虑排列方位、占地面积、空间利用率和操作方便等因素。

菇房内床架方向应和菇房方位垂直排列，如东西走向菇房其床架需南北排列，南北走向菇房其床架则应东西排列，这样通风换气流畅。菇房栽培空间利用率一般为10%～11%。栽培面积的利用率，一般为20%～22%，即1000立方米的菇房，栽培面积以200～220平方米为宜。床架与墙壁间均设过道，条条过道相通，南北两面留过道宽66厘米、东西两面过道宽50厘米、床间过道宽66厘米。床架5～6层，层间距66厘米，底层离地面17厘米，上层离顶棚130～170厘米。床架可采用竹木结构，也可采用钢筋水泥结构，但都易潜伏杂菌。最好采用铁管或硬质塑料管搭建，这样菇房适合金针菇床式栽培。

2. 地下人防工程　很多地区都有地下人防工程或山洞，它是金针菇最佳的出菇场所，可以通过改造作为金针菇的栽培场所。但是，一定要有排风设备，否则通风不良，会造成发菌缓慢，二氧化碳浓度过高而不出菇等现象发生。地下人防工程栽培金针菇要将地下人防工程分成多个小室，一般一个出菇室在100～150平方米之间，室内放置床架，提高利用率。一定要采用熟料袋栽，控制杂菌污染，以免大量污染而废弃。

3. 大棚　屋脊型大棚适于金针菇代料栽培。单面屋脊式大棚采用竹、木、薄膜、遮阳网、稻草帘、砖和土坯等材料搭建，三面筑墙，一面脊坡。北墙高2米，脊高2.5米，中柱高2米，边柱高1.5米。宽6～7.5米，长50～60米。大棚可建成地下式或半地下式。

4. 现代化大棚

(1) 台湾式大棚　台湾菇农采用竹木骨架的塑料大棚，棚内加湿、降温、通风设备齐全。以 150 平方米面积管理方便，通风换气效果好，产量高。棚内菇床分设 2 排，分 5 层。床架四周及中间有 67～100 厘米过道。为了防止害虫入侵和便于清扫卫生，门窗均装有 64 目的尼龙网，地面用水泥或石灰三合土铺成。

(2) 日本式大棚　由金属骨架和泡沫塑料等材料构成。该菇棚结构牢固，抗风雪，覆盖物隔热性能好，而且是双层装配而成。棚内有供暖设备、降温设备和调湿器，有天窗和地窗开关装置等。棚基宽 5.5～7.5 米，长 10 米，高 2.8～3.7 米。

第五节　生产设备

食用菌产业发展带动了生产机械的发展。目前我国有 100 多个食用菌机械生产厂家进行仿制和研发各种类型的食用菌生产机械，主要有：用于原料加工的粉碎机、切片机和切粉机，原料搅拌机，装瓶机和装袋机，管理用的喷药机、空气加湿器和微喷装置等，形成了食用菌生产的系列机械设备，下面简要介绍金针菇生产的机械设备。

一、原料加工设备

1. 木材切片机　木材切片机是将阔叶树或硬杂木的枝丫切成片，然后经过粉碎机粉碎，作为食用菌的培养原料。一般都需要 10～13 千瓦的配套动力或 S195 柴油机，每小时可以加工 1.5～3 吨木片。吉林省东部和东南部山区有林木资源的栽培户可以选择使用。

2. 木片粉碎机　食用菌对培养料粗细度有一定的要求，如果粉碎过粗，容易扎破菌袋，引起杂菌感染，同时培养料之间孔隙过大，不保水，培养料水分容易散失；如果粉碎过细，培养料透气性差，菌丝生长速度慢，延长生长期。所以采用木片粉碎机就是将切好的木片经过晾晒风干后进行粉碎,通过筛孔直径控制木屑大小,而且还可以粉碎作物秸秆等,一般每小时可生产木屑70～300千克,并需要10～13千瓦的配套动力或S195柴油机,此机械与木片切片机配合使用。

3. 切片粉碎机　是切片和粉碎两用机,能将木材、枝丫材以及玉米秸等植物加工成屑,一机多用,一般每小时可生产木屑700千克、秸秆屑500千克,自配15千瓦电机或11千瓦柴油机。

二、配料分装设备

1. 拌料机　拌料机是将主料和辅料加适量的水进行搅拌,使之均匀混合的机械,用来替代人工拌料。目前食用菌生产上常用的有福建古田农机研究所研制的WJ－70型拌料机、WJ－80B型拌料机,辽宁省朝阳市食用菌研究所研制的BLJ－200型原料搅拌机,枣庄市第二农业机械厂生产的JB－100原料搅拌机、JB－50型原料搅拌机。一般食用菌培养料搅拌每筒可投料100千克,搅拌时间3～5分钟。

2. 装瓶装袋机

(1) 小型立式装袋机　小型立式装袋机主要是把拌好的培养料填装到一定规格的塑料袋内,一般每小时可装250～300袋。特点是装袋紧实,中间通气孔打到袋底,缺点是只能装一种规格的塑料袋。

(2) 小型卧式多功能装袋机　小型卧式多功能装袋机主要是把拌好的培养料填装到各种规格的塑料袋内,一般每小时可装200袋。优点是各种规格的栽培袋都可使用,料筒和搅龙可以根据菌袋规格进行更换;缺点是装袋质量和速度受操作人员熟练程度影响较大。

(3) 大型立式冲压式装袋机　与小型立式装袋机原理基本相同,但是需要与拌料机、传送装置一起使用,而且是连续作业,一般每小时可装1200袋,多用于大型菌种生产厂家。

三、灭菌设备

1. 手提式高压灭菌器　属于小型高压灭菌设备，这种灭菌锅容量小，约 14 升，主要用于食用菌试管母种培养基、无菌水等器具灭菌，一般 1 次可灭菌 120～150 支试管。灭菌时间短，经济适用，对培养基营养成分破坏小。

2. 简易常压蒸气灭菌锅　用一口直径 85 厘米的铁锅和砖、水泥搭建一个灶台，在灶台上方房子顶部安装一个铁挂钩，并且用大棚塑料膜制作一个周长 3 米的塑料桶，将塑料桶上头用绳子系好吊在铁挂钩上，下部将锅上部的灭菌物罩住并且压在灶台上即可。灭菌数量较少，小规模栽培可以搭建。

3. 圆形蒸气灭菌灶　一般采用直径 110 厘米的铁锅和砖、水泥搭建灶台，在灶台上用砖和水泥砌成 120～130 厘米的正方形灭菌室，高 130～150 厘米，上部用水泥封顶，在灭菌室下部预留一个加水口，并且安放一个铁管，在一侧留一个规格为 65 厘米×85 厘米进出口，并且用木方做一个木门；也可以用铁板焊制一个圆形铁桶，直径 130 厘米、高 130～150 厘米，在铁桶下部焊一个铁管做加水口，将铁桶放在灶台铁锅上，并用塑料膜封锅口。

4. 常压蒸气灭菌箱　一般采用铁板和角铁焊制而成，规格为 235 厘米×136 厘米×172 厘米的长方形铁箱，顶部呈圆拱形，防止冷凝水打湿棉塞，距离底部 20～25 厘米高放置一个用钢筋焊制的帘子；为了节省燃料也可以在帘子下焊接 4 排直径 10 厘米的铁管，管口一头在底部燃料燃烧处，作为进烟口，一头从另一头汇聚一起与烟道连接（即节能灶）；门在一头，规格为 90 厘米×70 厘米、底高 20 厘米，在门一头下侧安一个排水管，中间安一个放气阀，顶部安一个测温管；一般采用周转筐出锅，可以防止菌袋扎破，并节省人工成本。一般采用 3 套周转筐即可，一次可以灭菌 1300 袋。

四、接种设备

1. 接种箱　是一个既密闭但又能开启的小木箱,它用木板和玻璃制成,接种箱形状和规格有两种:一种是一面接种的;另一种是两面接种的。接种箱前后装有2扇能开启的玻璃窗,下方开2个圆洞,洞口装袖套,箱内顶部装日光灯和30瓦紫外线灯各一盏。接种箱容积以能放下80～150袋为宜,适合一家一户小规模生产使用,也适合小型菌种厂制种使用,接种箱规格见图3-1。

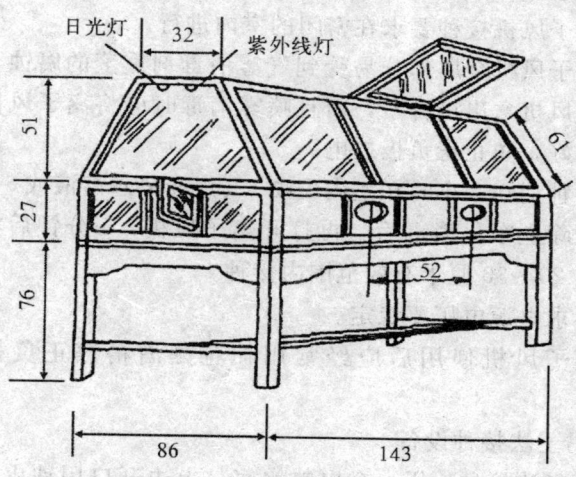

图3-1　简易接种箱(单位:厘米)

使用接种箱接种要求,第一,接种箱密闭性好;第二,接种箱接种前先用3%的煤酚皂水溶液喷雾,然后再用4～6克/米^{3}气雾消毒盒熏蒸;第三,接种箱在接种前应准备好接种工具、菌种和栽培袋等,接种数量不宜过多,否则操作不便;第四,接种箱接种受接种人员影响较大,严格遵守无菌操作规程;第五,接种箱接种适合小规模生产使用,大规模生产污染率高。

2. 简易接种帐　简易接种帐是采用塑料大棚膜制作而成的,类似我们日常生活中的蚊帐,规格分为大小两种,小型规格为6平方米,即2米×3米,较大接种帐规格为12～16平方米,即

(3~4)米×4米，接种帐高度2~2.2米，过高不利于消毒和灭菌。

3. 离子风机　目前有许多厂家生产，型号也各不相同。它与紫外线灯灭菌原理相同，通过产生臭氧达到杀菌目的。一般离子风机有大小之分，它的有效接种范围根据不同机型，接种范围也不同，应按照说明书正确使用。

使用离子风机接种应注意以下几方面问题：

(1) 离子风机接种要求在密闭的室内进行。

(2) 离子风机金属部分易受到气雾消毒剂熏蒸的腐蚀，熏蒸时应将离子风机拿出接种室，而且喷雾消毒时应将离子风机前的金属部分盖好，防止正负极放电。

(3) 接种前0.5小时在室内先喷3%煤酚皂水溶液或5%新洁尔灭水溶液除尘净化消毒后，再打开离子风机，5分钟后在离子风机正前方20~30厘米有效范围内接种。

(4) 要求电源电压要稳定。

(5) 离子风机使用后应经常用棉花蘸酒精擦正负极上的灰尘。

4. 简易土法接种设备

(1) 蒸气法接种　用一个电热水壶，上边开口用铁皮焊成一个高20厘米、下口直径10~12厘米、上口直径20厘米的铁桶。使用方法是加热产生蒸气后，在蒸气上接种。蒸气接种前，室内应密闭喷雾除尘，并关闭门窗。

(2) 干热法接种　用800~1000瓦电炉，炉盘上罩金属网罩，防止菌块掉落到炉盘上。通过干热形成无菌区进行接种。

5. 超净工作台　超净工作台是科研单位和生产单位试验用的无菌接种设备。优点是不用药物喷雾及熏蒸，直接使用效果好；缺点是造价高，对工作场所要求也高，场所灰尘多则易损坏。

6. 接种工具　主要用于菌种分离和菌种移接的专用工具，包括接种铲、接种环、接种针、接种钩、接种刀、接种匙和接种勺等,各种接种工具见图 3-2。

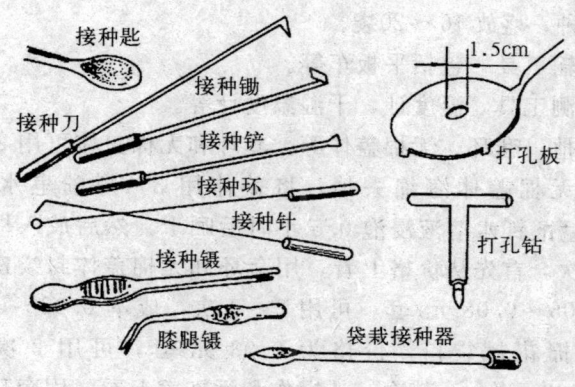

图 3-2 各种接种工具

五、培养设备

培养设备是进行食用菌生产过程必不可少的设备,主要是指食用菌接种后用于培养菌丝的设备。主要包括恒温培养箱、培养室和培养架等,液体菌种还需要摇床和发酵罐等设备。

1. **电热恒温箱** 主要是用来培养试管斜面母种和原种的专用电器设备,因为它可调节不同食用菌菌丝生长的温度并进行恒温培养,所以又叫"电热恒温培养箱"。

2. **培养室** 栽培和制种规模比较大时采用培养室,面积一般在 20~50 平方米。室内采用电热线和温度控制仪加温和自动控制温度,同时安装换气扇,保持培养室内空气清新。

六、其他设备

1. **衡量器具** 用于原材料、辅料、药品以及水的称取,主要设备有磅秤、电子天平、量杯和量筒等。

2. **装盛工具** 如周转筐。代料栽培在运输过程中易扎袋或由于挤压使栽培袋变形,因此,目前贮放及运输工具大多采用周转筐,也叫灭菌筐。周转筐用钢筋焊制而成,周转筐应光滑,防止扎袋,也可用铁丝筐或木箱。可根据栽培需要确定周转筐规格。金针菇周转筐规格有44厘米×44厘米×24厘米和55厘米×44厘米×24厘米两种，盛放16～20袋。

3. 运输工具　包括平板车等。

4. 观测工具　温度计、干湿温度计等。

5. 其他　套环、无棉盖体等。套环和无棉盖体可用2～3次，第2次将无棉盖体海绵去掉，将盖体用3%煤酚皂水溶液或0.15%高锰酸钾水溶液浸泡0.5小时后晒干，然后放入棉花还可再使用2次。首先从价格上看，用套环和无棉盖体封袋口，一套价格为0.06～0.08元/套，可用2～3次，成本0.02～0.03元；用颈圈和棉花封袋口，价格为0.03元/套，可用2次，成本0.015～0.02元/个；其次，从操作和污染率上看，用套环和无棉盖体封袋口操作方便，污染率低；用颈圈和棉花封袋口不方便操作，污染率稍高。个人可以自制封口用的颈圈，制作方法如下：用塑料打包带制作，将塑料打包带用剪刀剪成8厘米长小段，然后用烧红的8号线或钢锯条烙制而成，颈圈直径为2～2.5厘米，封口时用棉塞封袋口。

第六节　培养基配制

培养基是用来培养食用菌或其他微生物的基物。根据各种食用菌的营养生理要求和培养目的，可采用人工配制的培养基，或直接利用天然产物做培养的基物培养基，又称培养料、培养基质或培养底物，它对食用菌来讲，犹如栽培农作物所必需的土壤和肥料、饲养动物所必需的饲料一样重要。由于各种食用菌生长发育所需营养条件不同，因此，制作菌种时就需要首先配制各种不同的培养基。

一、培养基类型

食用菌培养基按其营养物质、物理性状和用途可分多种类型，通常可按三个方面来分类。

1. 按营养物质分类　食用菌培养基因原料来源不同，可分为天然培养基、半合成培养基和合成培养基。天然培养基只适用于培养、保存食用菌菌种和食用菌栽培生产，不适宜作精确的科学实验，如生理生化研究等；合成培养基适用于食用菌营养、代谢、育种等生理生化方面的定性和定量研究，也适用于菌种纯化培养和保藏；半合成培养基应用较为广泛，如马铃薯综合培养基适用于平菇、金针菇等食用菌菌种培养。

2. 按物理性状分类　制成的培养基由于物理性状不同，又可将其分为液体培养基、固化培养基和固体培养基3种。液体培养基常用于食用菌生理生化测定；固化培养基常用于菌种分离培养、纯化和鉴定，生产上主要用于培养和保存菌种；固体培养基是食用菌原种、栽培种和栽培的主要培养基。金针菇常用的有谷粒培养基、枝条培养基、木屑培养基和玉米芯培养基等。

3. 按用途分类　食用菌菌种繁育通常采用三级繁育体系，即母种培育、原种培育和栽培种培育。因此，食用菌制种用的培养基按其用途分成三种类型，即母种培养基、原种培养基和栽培种培养基。

（1）母种培养基　母种培养基即一级种培养基。常将培养基装在试管内，经灭菌后摆放成斜面，因此也叫斜面培养基。常用试管规格有18毫米×180毫米、20毫米×200毫米和25毫米×200毫米等。

（2）原种培养基　原种培养基即二级种培养基。常用培养容器为750毫升容积的菌种瓶或罐头瓶，瓶口直径4厘米左右。也有用1000毫升容积的白色聚丙烯塑料瓶。

（3）栽培种培养基　即三级种培养基，是供食用菌栽培用的菌种培养基。常用培养容器是750毫升容积的蘑菇瓶或罐头瓶，也有用17厘米×33厘米规格的聚丙烯塑料袋。

二、培养基配制原则

1. 选择适宜营养物质　制作培养基首先应根据培养食用菌的

特性和培养目的，选择适宜的营养物质。食用菌所需营养物质包括碳、氮和矿质元素等。但是具体到某一种食用菌时，对每一类营养物质的种类、数量和要求又不同。在整个菌种生产过程中，从母种到原种、栽培种，各个生产阶段要求不同，培养基营养成分也应有所区别。一般母种菌丝较细弱，分解养分能力差，要求营养丰富、完全，氮、维生素含量应高些，所选用的物质要易于被菌丝吸收利用。如葡萄糖、蔗糖、马铃薯、玉米粉、麦芽汁、酵母汁、蛋白质、无机盐类及生长素等原料。而培养原种、栽培种所需培养基数量较多，且菌丝分解木质素、纤维素养分能力相对较强，可利用资源丰富的农作物秸秆、锯木屑、麸皮、米糠、小麦和玉米等原料作为培养基。

2. 注意各种成分比例　培养基中各种营养物质比例也是影响金针菇生长的重要因素。应根据金针菇需要配成适当比例。金针菇要求培养基中碳氮比为（20～30）：1，如果培养基中碳源供应不足，易引起菌种过早衰老和自溶；如果氮源过多或过少，会引起菌丝生长过于旺盛或生长缓慢，对金针菇菌丝生长造成不利影响。

在配制合成或半合成培养基时，按比例称量后，首先要用水将营养物溶解，如加入的各种成分不当时，会导致沉淀。为了避免沉淀物生成而造成营养物损失，一般应按顺序先加入缓冲化合物，溶解后再加入主要元素，然后是微量元素，最后加入维生素等，最好是每种营养成分溶解后再加入第二种营养成分。

3. 调节适宜酸碱度　培养基应保持金针菇菌丝生长发育所需要的酸碱度（pH 值），应选用氢氧化钠、石灰、盐酸或过磷酸钙等来调节 pH 值。由于金针菇在生长过程中随着代谢产物的积累，酸碱度会发生变化，从而有碍它的生长发育。因此，在培养基中需要加入缓冲物质。如磷酸盐、醋酸盐、蛋白胨或氨基酸等。常用的缓冲剂是磷酸氢二钾和磷酸二氢钾。磷酸氢二钾略呈碱性、磷酸二氢钾略呈酸性，这两种物质溶液的 pH 值为 6.8。当培养基碱度增加,磷酸二氢钾可碱化合成磷酸氢二钾。它们在培养基内起缓冲作用,但这种缓冲作用只在一定的pH值范围内(6.4~7.2)才有效。如果培养基原来的pH值超出这个范围,应调配这两种化合物的比例,使pH值接近中性。这些磷酸盐不仅可做缓冲剂,而且也是金针菇的营养物质。

4. 选择经济实用的原材料　制作培养基原料,有些价格比较昂贵,因此常选用一些价格低廉的代用原料。在实验室中,常用一些农产品代替化学药品,如马铃薯、豆芽、麦芽、玉米面和麦麸等。在金针菇制种过程中,原种、栽培种因原料用量较大,应选择合适的代用原料。过去多用麦粒和玉米,现在可用木屑、玉米芯代替。但是,在选用替代品时,必须注意价廉物美,来源丰富,能就地取材,以及没有毒性。

第七节　母种生产

一、母种培养基配制

1. 母种培养基配方

(1) 马铃薯蔗糖培养基(PSA)　马铃薯(去皮)200克,琼脂20克,蔗糖20克,水1000毫升,pH值6.5。

(2) 马铃薯葡萄糖培养基(PDA)　将(1)中培养基中的蔗糖改为葡萄糖即可。

(3) 马铃薯蔗糖加富培养基　马铃薯(去皮)200克,硫酸镁5克,白糖20克,维生素B_1(或B_2)100毫克,磷酸二氢钾2.5克,琼脂20克,水1000毫升,pH值6.5。该培养基用于产生粉孢子多的金针菇菌株。

(4) 洋葱酱油培养基　洋葱100克,琼脂25克,酱油40克,蔗糖50克,水1000毫升,pH值6.5。

(5) 麦芽浸膏酵母琼脂培养基(MYA)　麦芽浸膏7克,琼脂18~20克,蛋白胨1克,酵母浸膏0.5克,水1000毫升,pH

值6.5。

（6）杏汁培养基　干杏40克，琼脂15～25克，水1000毫升，pH值6.5，此培养基特别适合金针菇子实体的发生，但必须注意干杏不可太多，培养基如果过酸，琼脂不凝固。

（7）玉米粉培养基　玉米粉（煎汁）40克，琼脂20～30克，蔗糖10克，水1000毫升，pH值6.5。

（8）麦芽汁培养基　麦芽（取汁）50克，琼脂18克，水1000毫升，pH值6.5。

2. 母种培养基制作方法　现以常用的马铃薯蔗糖培养基为例，简述其配制方法：把去皮的马铃薯（已发芽的要挖掉芽眼）切成薄片，称取200克置于钢精锅中，加水煮沸30分钟，用4层纱布过滤取汁。称取琼脂20克，撕成小片加入煮开的马铃薯汁液内，继续加热，并不断搅拌，待琼脂全部溶解后，再加入蔗糖，同时加开水使之达到1000毫升。趁热分装试管内，容量为试管长度的1/5～1/4。分装时注意不可让培养基沾在试管口上。如果试管口沾上琼脂培养基，应用小指头或纱布把试管中的培养基擦拭干净，然后塞上棉塞。棉塞要求塞得松紧适度，如果棉塞太松，不但容易脱落，也易滋生杂菌；如果棉塞太紧，妨碍接种操作。塞完棉塞后，应立即高压灭菌。母种培养基分装见图3-3。

塞好棉塞即可进行装锅灭菌。为避免灭菌时冷凝水淋湿棉塞，一般在棉塞外要包扎1层牛皮纸或2层旧报纸，也有将7～10支试管捆在一起，在棉塞外包扎牛皮纸，或将试管装在铁丝筐里再在棉塞外包扎牛皮纸。装入高压灭菌锅时，试管均要竖放，切勿倾斜或卧置。

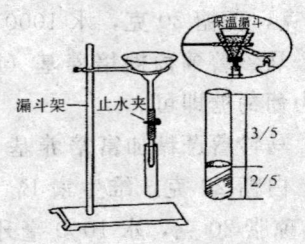

图3-3　母种培养基分装示意图

在0.11兆帕（1.05千克/厘米²）压力下灭菌半小时，待温度降到60℃时，试管培养基要趁热出锅摆成斜面，斜面长度以1/2～2/3为宜，凝固后即成斜面；平板培养基是在无菌条件下无菌操作，将经灭菌的三角瓶或试管培养基按15～20毫升的量倒入无菌培养皿中，平放，凝固后即成平板培养基，通常简称平板，一般是现用现倒；柱状培养基是将灭菌后试管直立放置，凝固后即成柱状培养基。在低温条件制作斜面或平板，最好在摆好后，立即覆盖一层洁净的棉垫，以免斜面管壁和平板皿壁产生大量冷凝水珠而影响接种和培养。

二、灭菌

1. 高压灭菌　试管包好后，装入铁丝筐中，放入高压灭菌锅内灭菌，待压力升至0.05兆帕（0.5千克/厘米²）时，打开排气阀，放出冷空气，再加热至0.11～0.14兆帕（1.05～1.5千克/厘米²）维持30分钟后，停止加热，使锅内压力下降。锅内压力降至零后，先将盖打开一小缝，使热气溢出，停3～5分钟后，再打开锅盖，利用锅体余热将棉塞烘干，防止棉塞受潮。待温度降到60℃时再摆成斜面，以防止冷凝水在管内积聚过多。灭菌时间不能过长，否则易破坏培养基中的有效成分，增加酸度，致使凝固不良。

2. 摆试管斜面　摆放试管斜面时，试管下面垫1厘米厚木板、钢板或绳子，斜面长度不超过试管总长的2/3，待冷却后即成斜面培养基。

3. 无菌检查　灭菌后的培养基要进行无菌检查。抽出几支放入30℃恒温箱中培养2～3天，如果无杂菌生长便可使用。

三、接种

1. 接种前准备　接种前对接种室或接种箱用3%煤酚皂水溶液喷雾消毒，并准备好接种工具，一般为金属的针、刀、耙、铲、钩。接种斜面母种时常用的工具是接种针和接种钩。

2. 接种方法　接种前，穿好白大褂，用肥皂水洗手，擦干后再用70%～75%酒精擦拭双手和菌种试管及接种用具。

(1) 先在试管上贴好标签，注明菌种名称、接种日期等。

(2) 点燃酒精灯，因为火焰周围区域为无菌区，利用酒精灯接种可避免杂菌污染。

(3) 将母种和斜面试管培养基2支试管用大拇指和其他四指握在左手中，使中指位于2支试管之间，斜面向上，并使它们处于水平位置。

(4) 先将棉塞用右手拧转松动，以利接种时拔出。

(5) 右手拿接种针（钩），拿的方法和握笔一样，在酒精灯火焰上方将接种工具灼烧灭菌。凡在接种时可进入试管部分，也应用火焰灼烧，操作时要使试管口靠近火焰。

(6) 用右手小拇指、无名指和中指同时拔掉2支试管棉塞，并用手指夹紧。

(7) 以火焰灼烧试管口，灼烧时应不断转动试管口，烧死试管口可能沾染的杂菌。

(8) 将灼烧的接种针（钩）伸入菌种试管内，先接触没有生长菌丝的培养基部分，使其冷却，以免烫死菌丝。然后轻轻挑取少许菌丝，迅速将接种针（钩）抽出试管，注意不要使接种针碰到管壁。

(9) 在火焰旁迅速将接种针（钩）伸进另一支试管，将挑取菌丝放在斜面培养基中央。注意不要把培养基划破，也不要使菌种沾在管壁上。

(10) 抽出接种针（钩），灼烧试管口，并在火焰旁将棉塞塞上，塞棉塞时，不要用试管去迎接棉塞，以免试管在移动时进入不洁空气。

(11) 放回接种针（钩），将接种针（钩）在火焰上再烧红灭菌。放下接种针（钩）后，及时将棉塞旋紧。

四、母种培养

1支试管母种可转接30～40支试管母种。接种完毕将试管放入恒温培养箱中,在25℃~28℃之间培养。在金针菇菌种培养过程中,一定要检查接种后杂菌污染情况,在试管斜面培养基上发现有绿色、黄色、黑色等不是白色、生长不整齐一致的斑点或块状杂菌,应立即剔除。10~15天金针菇母种可长满试管斜面。

五、母种质量鉴定

目前用于栽培金针菇的菌株有黄色菌株和白色菌株两种,它们在母种培养基上菌丝生长形态有所不同,因而母种特征也有所区别。

1. 黄色菌株优良母种特征　菌丝白色绒毛状、强壮、致密,紧贴培养基表面,生长速度快,一般7天长满试管培养基表面,长势均匀,粉孢子少。在出菇适宜温度条件下,培养基表面易出现淡黄白色子实体,为正常而且优良的菌种。而菌丝生长速度慢,长势稀疏,褐色分泌物多,后期在试管斜面前端形成大量粉孢子的菌株一般为不良菌种。另外,培养基已干枯、收缩的斜面母种,存放期过长,菌丝已老化,应扩大成再生母种后方可使用。而琼脂培养基上已出现开伞子实体的菌株,母种已不纯,应弃去不用。感染杂菌的母种更应淘汰。

2. 白色菌株优良母种特征　菌丝白色绒毛状、强壮、生长旺盛,气生菌丝爬壁,生长速度快,10天长满培养基表面。菌丝在琼脂斜面上长势均匀,接种块与生长的菌丝之间未见明显的一圈分界线,粉孢子虽然比黄色母种多,但未结成团状的母种为优良菌种。而菌丝棉絮状、蓬松,生长缓慢,长势不均匀,后期粉孢子多,且在斜面壁上结成一块块团状物的母种为不良母种。菌丝变黄倒伏的母种应淘汰,出现子实体已开伞的母种应弃之不用。

第八节　原种和栽培种生产

一、原种和栽培种培养基配制

原种和栽培种营养条件基本相同,制作方法也基本一样。

1. 原种和栽培种培养基配方　由于金针菇对木屑的营养利用率较低，对米糠需求量较高，在制作金针菇原种和栽培种培养基时，要求木屑比例低而米糠比例要高。没有米糠菌丝长不好，子实体不能发生；没有木屑而单用米糠、麸皮也可以形成子实体。培养香菇和平菇的普通木屑、米糠培养基不适合培养金针菇菌种，否则菌丝生长稀疏，速度缓慢，需2个月才能长满瓶。所以金针菇原种、栽培种培养基必须增加米糠用量。

下面是金针菇原种和栽培种培养基配方：

（1）木屑培养基　阔叶树硬杂木屑73%，细米糠或麦麸25%，蔗糖1%，石膏粉1%，料水比1：(1.2～1.3)。

（2）玉米芯培养基　玉米芯（粉碎）78%，细米糠或麦麸20%，蔗糖1%，石膏粉1%，料水比1：(1.2～1.3)。

（3）麦粒培养基　麦粒（玉米或高粱）99%，石膏粉1%。

2. 原种和栽培种培养基配制方法

（1）木屑或玉米芯培养基制作方法　把菌种瓶刷洗干净，晾干备用，玉米芯在拌料前一天喷水预湿。按照木屑或玉米芯培养基配方，称取木屑或玉米芯、细米糠或麦麸、石膏粉进行混合，干拌两遍拌匀。再称取红糖或白糖1千克用温水溶化，加入120千克（用水量是干料重的1.2～1.3倍）水中，然后把糖水倒入培养料中，不断用铁锹反复搅拌均匀。加入糖水拌料时注意不可流失，含水量在60%～65%之间，最好使用水分测定仪。也可用手握紧培养料，有水珠从手指间渗出但又不滴下为宜。配制好后装瓶（玉米芯培养料应堆闷1～2小时）。装瓶时，一手握住瓶颈，另一手往瓶中装入培养料，一边装瓶，一边上下抖动瓶子，使培养基上紧下松，松紧适度。装瓶高度根据需要而定，一般装到近瓶肩处。为了缩短菌种培养时间，也可只装半瓶。装完后，再用90度弯角的"丁"字形铁钩压实，并把培养料表面压平。如果是配制栽培种，取上端直径为2厘米的尖尾木棍，在培养基中央打一个洞，之后，边旋转边拔出。装完瓶后，把瓶口斜朝下洗瓶，注意不要让水浸湿培养基，边旋转边洗涤，洗净沾在瓶口的培养料，然后用布擦干瓶口，再塞上棉塞。棉塞作用是过滤空气中的杂菌，供应瓶内无菌空气，以利菌丝生长，免受杂菌感染。棉塞要松紧适度，以提起棉塞瓶子不掉下为宜。棉塞要塞至瓶颈基部或稍下，但不能接触培养基，至少离开培养基2厘米，否则，棉塞容易潮湿，在培养过程中易感染杂菌。塞好棉塞后，再用牛皮纸把瓶口连同棉塞包扎好。也可用塑料薄膜和皮套封口，除手工操作装瓶外，也可用装瓶机装瓶，其效率更高。

(2) 麦粒培养基制作方法 把小麦过筛，去除杂物、破损麦粒、病粒以及虫蛀麦粒，选择子粒饱满的麦粒，用水冲洗2～3次，浸泡12小时，吸足水分。之后放入铝锅内加水煮至八九分熟，即麦粒熟而不破，捞出放入铁丝网上除去多余水分。并在通风处晾干，拌入1%～2%石膏粉，再加入5%的木屑，拌匀后装瓶，装量为瓶的1/3～1/2，便于摇动，其余方法同木屑培养基的制作方法。

二、灭菌

培养基装瓶（袋）后可进行高压蒸气灭菌。在灭菌前，当压力表指针达到0.05兆帕（0.5千克/厘米^2）压力下放2次冷空气，排净冷空气后，在0.11～0.14兆帕（1.05～1.5千克/厘米^2）压力下保持2小时，即可达到灭菌目的。灭菌后待锅内温度降至60℃时出锅。

由于在生产上灭菌量大且从经济上考虑，一般采用常压灭菌。常压灭菌就是使锅内的水保持沸腾状态，此时蒸气温度已达到100℃～105℃，维持8～10小时可达到灭菌效果。在往锅内摆瓶（袋）时，瓶（袋）口向上，并注意瓶（袋）间要保留适当空隙，以利于蒸气畅通，整个灭菌过程中要始终保持旺火加热，最好在4～6小时内锅要上大气，也就是说温度能达到100℃。灭菌后培养基要运到无菌室冷却、接种。

三、接种

接种前把菌瓶（袋）及接种工具放入接种室，室内预先进行消毒。在使用前一天关好门窗，密闭接种室，按每立方米空间用10毫升甲醛与7克高锰酸钾混合进行熏蒸消毒，24小时后打开门窗，放出气体甲醛，方可使用。接种前，先用3％煤酚皂水溶液或5％苯酚水溶液喷雾消毒，再使用气雾消毒剂熏蒸消毒30分钟，使空气中微生物沉降。然后同时打开紫外线灯照射30分钟，达到消毒时间后方可接种。接种人员进入接种室时，要穿上白大褂、拖鞋、帽子并戴上口罩，操作前双手用75％酒精棉球擦洗消毒，动作要轻缓，尽量减少空气波动。

1. 原种接种　在试管母种接入瓶装原种时，瓶装培养基温度要降到25℃以下方可接种，按无菌操作要求将试管斜面母种横向切割成6～8块。

（1）点燃酒精灯，接种工具先经火焰灼烧灭菌。

（2）在酒精灯上方10～15厘米无菌区轻轻拔下试管母种棉塞，立即将试管口倾斜，用酒精灯火焰封口，防止杂菌侵入管内，用灭菌的接种钩伸入母种试管，在试管壁上稍停留使之冷却，以免烫死菌种。

（3）用接种钩取分割好的母种块，在酒精灯上方无菌区内，将待接菌种瓶封口的塑料膜打开一部分，轻轻抽出试管并迅速放入原种瓶内，立即封好瓶口，一般每支试管母种可接6～8瓶原种。

2. 栽培种接种

（1）将已挑选好的原种用酒精棉球擦拭外壁，放入接种箱（室）。

（2）接种前再检查一次原种，检查棉塞和瓶口的菌膜上是否污染杂菌，如果污染杂菌应拿出接种室弃之不用。

（3）栽培种接种时，揭掉原种瓶口封口薄膜，灼烧瓶口和接种工具，扒去原种表面的菌皮。

(4) 如双人接种，一人负责拿原种瓶，用接种钩（勺）接种，另一人负责打开瓶口或袋口。

(5) 接种的原种不可太碎，最好成蚕豆粒或核桃粒大小，有利于发菌。

(6) 接种后迅速扎好瓶口或袋口，每瓶原种可扩接 40～50 瓶，或 25～30 袋栽培种。

(7) 接种时用酒精灯火焰封口，用 75％酒精棉球擦拭菌种瓶口，再用接种钩刮去表层菌皮及原接种点，并将菌种分成玉米粒大小的块，用接种勺取菌块，并通过火焰迅速接入菌种瓶内。

(8) 接种过程中尽量减少进出接种室次数，可以利用小橱窗与室外传递物品，接种室的门与缓冲间的门不要同时打开，以免室外带菌空气直接进入室内。

(9) 接种结束后应及时将台面、地面收拾干净，并用 5％苯酚水溶液喷雾消毒，并关闭室门。

四、培养

1. 培养室消毒　接完菌的菌种瓶（袋）在进入培养室前，培养室要进行消毒灭菌，用甲醛或硫黄熏蒸，能使微生物蛋白质变性，对细菌、真菌和病毒都具有强烈的杀伤作用。用甲醛溶液（40％）熏蒸，每立方米空间用量为 10 毫升，熏蒸时将甲醛溶液倒进容器中，用火煮沸，任其挥发，叫作直接熏蒸法，此法熏蒸时间长。或在盛有甲醛溶液的容器中加入重量为其 2/3 的高锰酸钾，使其迅速蒸发，这叫氧化熏蒸法，时间为 30～40 分钟。甲醛蒸气具有强烈的刺激性气味，会影响工作人员身体健康。为减少甲醛气体的刺激作用，熏蒸后 12 小时放入氨水溶液（每立方米空间用 25％～30％氨水溶液 50 毫升），氨水与空气中的甲醛蒸气结合，可以消除甲醛蒸气。

2. 培养　原种和栽培种在培养初期，温度控制在 25℃～28℃之间。接种后 7～10 天内，每隔 2～3 天要逐瓶检查一次杂菌。如在培养料内部出现杂菌菌落，说明灭菌不彻底；而在培养料表面出现杂菌,说明在接种过程中没有达到无菌操作要求,发现杂菌应立即挑出,拿出培养室。如果杂菌检查过晚有可能被生长旺盛的金针菇菌丝体掩盖,包在培养料中部,在瓶(袋)外不易发现,因此,应尽早检查。

在培养中后期,将温度调低2℃~3℃,因为菌丝生长旺盛时新陈代谢释放热量,菌种瓶(袋)内温度要比室温高2℃~3℃,如果温度过高会导致金针菇菌丝生长纤弱、老化。在菌种培养25~30天后,要采取降温措施,减缓菌丝生长速度,从而使菌丝整齐、健壮。原种和栽培种一般30~35天菌丝可穿透培养料,把温度降低一些,再把菌种缓冲培养7~10天,使菌种进一步成熟。

五、原种和栽培种质量鉴定

黄色和白色菌株优良品种,栽培特征相似。菌丝洁白、致密,生长速度快,一般长满瓶需30~35天,均匀一致,粉孢子少;而劣质菌种表现为菌丝生长稀疏,菌丝不向下生长或生长慢,出现波浪式生长趋势,有明显的颉颃线(培养基过湿或污染),瓶内出现开伞子实体等。

金针菇是原基发生快的品种之一。在适宜温度条件下,母种、原种和栽培种培养基表面均会出现菇蕾,菇蕾出现早晚因不同品系而异。在适温下,杂交19号、三明1号等黄色菌株在母种上15天可现蕾,而白色菌株20天以上现蕾。在原种培养基上,黄色菌株30天现蕾,日本白色菌株45天现蕾。

在菌种生产过程中,母种、原种和栽培种经常会出现现蕾现象,但只要菇蕾未分化成菌盖开伞的子实体均可使用,不影响菌丝生长速度、出菇天数及产量。但接种时要剔除子实体。一般情况下应使用未长子实体的菌种。

金针菇子实体产生快慢与菌龄有关。菌龄太长或太短都难于形成原基。在2.5%麦芽汁培养基上,在暗处培养2~3周或0~5天和正常处理1周相比,会推迟出菇。虽然原种菌龄太长或太短对栽培种菌丝生长影响不大，但在子实体形成和产量方面都比正常原种差。

六、液体菌种制作方法

金针菇菌种除了用固体培养基制种外，还可以采用液体培养基制作液体菌种。

1. 采用液体菌种具有以下优点

（1）生长快速　制备液体菌种只需2～7天，用液体菌种接种要比采用固体菌种快15～20天。因为液体菌种有流动性，菌丝片断可以流散到各个位置萌发，发菌点多，长满菌种袋所需时间缩短。

（2）菌龄一致　固体菌种菌丝从上向下生长，上下菌龄相差悬殊，最多相差20天以上，而液体菌种上下一起生长发育，菌龄一致，菌丝健壮，生活力旺盛。但液体菌种制作设备条件要求较高，投资大，不便于运输和保存。而且要有专业技术人员操作，因而只有条件具备的栽培户才可进行液体菌种生产。

2. 液体菌种制备过程

（1）液体菌种培养基配方

①葡萄糖3%，玉米粉1%，豆饼粉2%，碳酸钙0.2%，磷酸二氢钾0.1%，酵母粉0.5%，硫酸镁0.05%，pH值自然。制作方法：将上述成分溶于水中，混匀。

②马铃薯20%，蛋白胨0.2%，葡萄糖2%，磷酸二氢钾0.05%，硫酸镁0.05%，氯化钠0.01%，pH值自然。制作方法：将马铃薯按常规方法煮汁取滤液，然后添加其他成分，溶化后补足水分，搅拌均匀即可。

③玉米粉5%，酵母粉0.5%，蔗糖4%，碳酸钙0.2%，维生素B_1 1毫克。制作方法同①。

④大米粉5%，豆饼粉0.8%，酵母粉0.2%，硫酸镁0.05%，葡萄糖0.5%，磷酸二氢钾0.15%。制作方法同①。

⑤葡萄糖或玉米粉2%，蛋白胨1%，磷酸二氢钾0.1%，硫

酸镁，0.05%。制作方法同①。

优良液体菌种是液体发酵液内有较多均匀、大小一致的菌丝球。而不同液体培养基对金针菇菌丝球大小、结构、黏度影响较大。高碳低氮（碳∶氮＝18∶1）培养基有利于菌球的形成；低碳高氮（碳∶氮＝2∶1）培养基因碳氮比失调，形成的菌球大且呈絮状，接种不方便，由于发育点少，接种效果不佳。玉米粉是很好的氮源，用5%玉米粉既可调节培养基的黏度，又能作为营养被降解利用，培养出的菌丝球颗粒小，分散度好，数量多，接入固体培养基（栽培瓶或栽培袋）后发育快速。

(2) 接种培养　把配好的培养液分装于盛有10～15粒小珠的500毫升三角瓶中，装量约为150毫升，塞好棉塞，将瓶口和棉塞用牛皮纸扎好，在0.11～0.14兆帕压力的高压锅中灭菌30分钟。冷却后，按无菌操作每瓶接入2平方厘米生长旺盛的金针菇斜面母种一块，使气生菌丝的一面向上悬浮于液面。在23℃下静止培养2～3天，之后置于往复式摇瓶机（振荡频率为80～100次/分钟）或旋转式摇瓶机（转速在220次/分钟）上进行振荡培养3～4天，当培养液呈浅黄色，清澈透明，有许多菌丝小球，具有金针菇香味时，即可使用。如果培养液浑浊，有臭味，大多是细菌污染，不可使用。该法规模小，设备简单，投资少，技术不复杂，适合小规模家庭生产。

如果生产大量的液体菌种，必须采用发酵罐通气培养，即深层培养。深层培养需要一整套发酵设备，投资大，生产量大，保存和运输困难，在金针菇菌种生产中一般很少采用。

(3) 液体菌种使用　液体菌种一般作为原种使用。因为原种生长时间长，需30天以上，采用液体培养基培养仅需1周左右，可缩短4倍培养时间。液体菌种接种前的消毒准备工作与固体菌种相似。消毒完毕，在接种箱内按无菌操作，在靠近酒精灯火焰口处将液体菌种倾斜倒入栽培种培养基表面，接种量为10～15毫升。接种后，把栽培种置于23℃培养室内进行培养，25天就培养成生产上的栽培种。

第九节 金针菇品种简介

一、黄色菌株
1. 驯化品种

（1）三明1号 由福建三明真菌研究所驯化选育。1984年1月通过鉴定，并定名为"三明1号"。原始菌株于1974年由黄年来采自三明市洋山村枯枝上。是国内第1个选育出的优良品种，出菇温度4℃～23℃，超过18℃开伞快，基部变褐色。子实体丛生，菇蕾数可达200朵以上，早期呈半球形，后平展。菌盖直径1～2.5厘米，色淡黄。菌肉厚0.2厘米，菌褶白色。菌柄离生、圆柱形、粗细均匀，直径0.3～0.4厘米，长10～15厘米，黄白色至淡褐色，下部茸毛不明显，属细密型。菌丝生长快，适应性广，抗杂、抗病力强，优质高产，生物学效率70%～80%。栽培时注意低温、黑暗条件下在袋口套袋，增加二氧化碳浓度，抑制菌盖开伞。

（2）昆研F908 由商业部食用菌研究所驯化选育，1992年4月通过鉴定。原菌株1986年5月采自云南大学校园内。出菇温度4℃～23℃，15℃～23℃能正常出菇。子实体丛生，菇蕾数120朵以上。菌盖近球形，成熟后盖缘反卷呈波浪形，淡黄色，直径1.5～5厘米。菌褶白色、直生。菌柄柱状、中生，粗0.4～1.5厘米，长5～20厘米，上部金黄，下部褐色，有茸毛。发菌快，出菇早，抗逆性强，产量高。子实体盖大、柄短，品质好，生物学效率达100%。适合两头出菇，管理粗放。

（3）黔朴6号 由贵州科学院生物研究所王英杰等选育。原菌株1982年3月11日从枯树上采集分离。菌盖2～7厘米，菌柄长12～17厘米、直径1～1.6厘米，上部白色至淡黄色，下部深褐色，粗壮，长度适中。菌盖不易开伞，耐贮运，适合鲜销，生物学效率70%～80%，主要在贵州推广。

其他还有四川什邡县微生物协会选育的"川金916"菌株；中国农业科学院沈阳林土所选育的8310、84131菌株；山西原平农校选育的野生金针菇菌株；河北微生物研究所选育的野生金针菇菌株；江苏微生物研究所选育的野生金针菇菌株；南京农大微生物组选育的"南金1号"菌株；华中农业大学选育的"华金11""华金24"菌株；西南师范大学生物系选育的西师"8001"菌株；徐州师院生物系选育的野生金针菇CV菌株；河南洛阳农业高等专科学校选育的"洛金1号"野生菌株；山东龙口食用菌所选育的"龙口金针菇"野生菌株；湖北当阳科委食用菌研究所驯化的"长坂1号"野生菌株等。

2. 杂交品种

（1）杂交19号　由福建三明真菌研究所郭美英选育的国内第1个金针菇杂交菌株，1988年通过鉴定。以日本信浓2号为父本，以三明1号为母本进行多孢杂交选育。子实体发生温度4℃～24℃，最适13℃左右，生长适宜温度5℃～16℃，5℃～8℃生长慢。菌柄结实，色泽白，不易开伞。16℃以上子实体生长快，易开伞。菌丝生长温度16℃～28℃，最适23℃，4℃以下、34℃以上停止生长，超过37℃菌丝死亡。子实体丛生，菇蕾数400～600朵。菌盖白色至淡黄色，半球形、圆整，直径0.5～1.5厘米。菌肉厚0.3厘米，稍内卷，开伞慢。菌褶白色、离生。菌柄圆柱状、中空、细、均匀，直径0.2～0.3厘米，长15厘米以上，白色，基部淡黄色，有茸毛，分支多，属细密型。菌丝白色，绒毛状，爬壁力较弱，生长快，粉孢子少。菌丝生长速度快，出菇早，产量高，抗杂抗病力强。pH值6～7，要求光照强度在5～10勒克斯，催蕾阶段增加通风次数和通风量。可采用搔菌法、直生法、再生法、两头出菇等方式栽培，生物学效率可达100%。

（2）单孢杂交菌株（品种）华金63、华金18　华中农业大学植保系真菌研究室单孢杂交选育而成。出菇整齐，不易开伞，优质、高产，将在国内推广。

3. 引进品种（菌株）

（1）SFV-9菌株　由上海农科院食用菌所从日本引进的17个菌株中筛选出来，1988年通过鉴定。子实体发生温度4℃～18℃，生长温度8℃～14℃，菌丝生长温度25℃。粉孢子少。子实体丛生、白色，半球形。菌肉厚，不易开伞。菌柄粗，直径0.3～0.4厘米、长15～17厘米，茸毛少。pH值6，温度超过16℃易发生细菌斑点病或根腐病。头潮产量高，生物学效率达90%。

（2）沪菌3号　与SFV-9菌株相似，均由日本引进。

4. 诱变菌株（品种）

（1）FL8815、FL8817菌株　由中国农业科学院植保所微生物室采用γ射线对金针菇原生质体进行诱变选育出来的菌株，该品种是用三明1号原生质体辐射诱变的。子实体分化与形成温度2℃～17℃，2℃～9℃生产优质金针菇，10℃～17℃生产鲜销菇，子实体丛生，分支多，密集型。菌盖淡黄色，不易开伞。菌柄中粗，白色至淡黄色，基部黄褐色，茸毛不明显。生物学效率达95%～100%。

（2）辐金1号　由河南省科学院同位素研究所用1500戈瑞的γ射线处理野生驯化金针菇FL126双核菌丝选育而成。该品种菌丝生长快，抗逆性强，产量高，出菇早。

（3）FL9303、FL9321　由北京农业科学院植保所以杂交19号作诱变株，经担孢子紫外线诱变、单核菌丝体杂交培育出的新菌株，产量比原菌株高。

二、白色品种

日本白色金针菇品种于1988年开始生产，现日本栽培的金针菇都是纯白色品种。现已登记的品种有：木夕卜M-50、木夕卜M-70、中野JA、三十/14号、TK、夜间濑1号，其中只有木夕卜 M－50 在日本各地推广销售，其他品种只在长野县内销售。

1. 木夕卜 M－50 菌株　是日本北本丰等经过 5 年努力于 1985 年选育的一个白色新菌株。原始株是 J26 和 K15 两个不同金针菇菌株单核菌丝杂交选育而成。子实体发生和生长温度 14℃～16℃，丛生、白色，400～600 朵。子实体形成能力较强，鲜菇冷藏可达 20 天。

2. 我国从日本引进的白色品种

(1) FL8801 菌株　1988 年由福建引进，1989 年开始推广。出菇温度 5℃～16℃，最适 13℃，菌丝生长 20℃～22℃。子实体丛生，200～400 朵。菌盖直径 0.5～1 厘米，菌肉厚 0.3～0.4 厘米，菌柄基部有茸毛。pH 值 6～6.5，对光照和氧气要求不严格，对季节要求严格，适合冬季栽培。头潮菇产量高，菇质好，生物学效率可达 100%。

(2) FL088 菌株　由河北农林科学院从国外引进，适合北方栽培。出菇温度 5℃～15℃、最适 10℃，菌丝生长温度 25℃。子实体丛生，200～400 朵，直径 0.5～1.5 厘米，整齐一致。菌肉厚 0.3～0.4 厘米，菌柄长 15～20 厘米、直径 0.2～0.4 厘米。pH 值 6，对光照、氧气要求不严格。产量高，质量好，生物学效率达 100%。

(3) FL21 菌株　由浙江引进。5℃～20℃分化子实体原基，10℃～15℃适合子实体生长，菌丝生长温度为 23℃。子实体纯白色、丛生，菌盖直径 1～2 厘米，菌柄长 15～20 厘米、粗 0.2～0.3 厘米，下部有茸毛。pH 值在 7 以下，对光强度不敏感。配方中增加玉米粉或豆粉可提高产量，头潮菇占 50%，生物学效率可达 120%。

(4) FL8909 菌株　由福建从日本引进的粗柄型白色菌株。子实体发生温度 5℃～16℃，最适 12℃～13℃。子实体丛生，分支多，160～250 朵。菌盖直径 0.5～1.7 厘米、内卷，不易开伞。

菌柄粗 0.3~0.7 厘米、柄长 15~23 厘米，整株白色。pH 值 6.0，对光线不敏感。质量好，生物学效率 70%。高温易发生病害，对二氧化碳敏感，应经常通风。

(5) FL8-10 白色杂交菌株　由国内黄色金针菇 FL2 和日本纯白色金针菇 FL8 单孢杂交培育的新品种。子实体在 5℃~15℃ 大量发生，菌丝生长温度 22℃~25℃。子实体丛生，即具有黄色品种抗杂、高产、耐高温、转潮快等特点，又具有白色金针菇品质好、不易开伞特点。对光线和氧气要求不严格，但必须搔菌。可出 4~5 潮菇，转潮快。管理方法类似黄色品种，生物学效率达 80%~100%。

第四章 金针菇栽培技术

一、栽培季节

根据金针菇适宜出菇温度范围在 8℃~18℃ 低温特点,北方地区全年可安排两次栽培,以秋末至初冬,冬末至夏初为适宜。第 1 次是 9 月中旬接种,11 月中、下旬出菇;第 2 次是 12 月或次年 1 月接种,室内加温发菌,2~4 月出菇。如果在人防地道栽培,从秋末至夏初均可栽培。

二、栽培容器

1. **栽培袋** 一般采用聚丙烯折角袋。栽培袋规格(17~20)厘米×(33~38)厘米、双面厚度 0.09 毫米。聚丙烯折角袋透明,容易检查金针菇菌丝生长过程中是否污染杂菌,便于及时处理。薄袋要求韧度强,不易破碎,厚薄均匀,袋底要求压牢,但低温较脆,不适宜冬季低温栽培;低压乙烯不透明,不易检查杂菌污染,但低温条件下表现不脆,延展性好,适合冬季低温条件下栽培。

2. **塑料套环** 套环内径和高度均为 3 厘米左右,边缘厚度要求均匀、光滑,即防止扎破塑料袋,又可经久耐用。如果采用无棉盖体封塑料袋口,可省去棉塞,但成本较高。

3. **棉塞** 长绒未脱脂的原棉,纤维长得好。使用过的棉花必须晒干弹松后再用,不可使用纺织厂废弃的下脚料棉,因其中垃圾灰尘多,灭菌不彻底,易感染杂菌。

三、培养基配方

优质高产的培养基配方是根据金针菇生长发育所需要的碳、氮及无机盐等营养需求,确定适宜的比例。在众多培养基中,加入棉子壳配方金针菇产量高,采收潮次多;而木屑、甘蔗渣等配方产量低,一般仅采收1~2潮菇。从质量上看,棉子壳栽培的金针菇菌盖厚、柄长,不易开伞;而用木屑、甘蔗渣等栽培的菌盖较薄,易开伞。从色泽来看,在同样环境条件下栽培,用棉子壳栽培的子实体色泽金黄、均匀,即菌盖和菌柄呈现一致的金黄色;用棉子壳加木屑栽培色泽淡黄;而棉子壳加甘蔗渣栽培色泽更淡,菌柄光泽更强些。用木屑或甘蔗渣栽培色泽最浅,子实体呈淡黄白色,特别是甘蔗渣栽培近白色,但因木屑或甘蔗渣培养料营养含量较低,菌盖易开伞,子实体在菌柄超过13厘米时,基部极易变褐色,产量低,现已淘汰。

　　金针菇产量高低不仅与培养基含氮量有关,同时也与培养基通气有很大关系,这点与其他菇类有显著差别。疏松的阔叶树木屑因孔隙大,通气好,栽培金针菇产量比硬杂木屑高,棉子壳颗粒比木屑大,壳与壳之间间隙大,通气好,其产量最高;硬杂木屑栽培金针菇产量极低(因木屑间通气差)。因而金针菇培养基配方除必须满足营养要求外,还必须注意到培养基之间的通气要求,这是关系到金针菇能否高产的技术关键。所以采用棉子壳或棉子壳加木屑或稻草、玉米芯等原料进行栽培,比单用木屑为主要原料栽培的产量提高1倍以上。下面介绍几种金针菇优质高产培养基配方:

　　1. 玉米芯培养基　玉米芯粉63%,豆秆屑10%,茶子饼20%,麦麸5%,蔗糖1%,石膏粉1%。注:玉米芯粉碎成黄豆大小,并在拌料前1天用清水浸泡。

　　2. 木屑棉子壳培养基

　　(1) 木屑37%,棉子壳37%,麦麸24%,白糖1%,石膏粉1%。

　　(2) 木屑35%,棉子壳35%,麦麸25%,玉米粉3%,白糖1%,石膏粉1%。

　　(3) 木屑33%,棉子壳33%,麦麸32%,白糖1%,石膏粉1%。

上述3种培养基中料水比均为1∶1.5左右，pH值自然。其中棉子壳可用废棉团代替。培养基中木屑可用稻草、甜菜废丝或玉米芯等代替。以上培养基栽培金针菇生物学效率均可达90%，是栽培金针菇制作方便、原材料简单又优质高产的培养基配方。

在缺乏棉子壳资源、交通又不方便的地区，可根据当地资源采用下列培养基配方进行金针菇栽培，也可获得很好的产量。

3. 豆秆培养基

（1）豆秆屑73%，麦麸10%，玉米粉10%，豆粉5%，蔗糖1%，石膏粉1%。注：豆秆需粉碎成糠，下同。

（2）豆秆屑78%，麦麸10%，玉米粉10%，蔗糖1%，石膏粉1%，另加钙镁磷肥0.5%。

4. 花生壳培养基

（1）花生壳73%，麦麸10%，玉米粉10%，豆粉5%，蔗糖1%，石膏粉1%。

（2）花生壳78%，麦麸10%，玉米粉10%，蔗糖1%，碳酸钙1%，另加钙镁磷肥0.5%。

以上配方是栽培金针菇的优质高产培养基配方，均经多年大面积栽培实践。有的栽培者为了进一步提高产量，在棉子壳培养基中再添加酒糟、黄豆粉、尿素、复合肥等培养料，增加采菇潮数，提高产量，但栽培周期延长，而且后几潮菇质量较差，是否有必要再增加氮源，可根据各地市场需要而定。

采用上面优质高产配方还有困难，还可采用下列培养基配方，虽然单产比棉子壳培养基低，并非是高产培养基配方，仍可作为栽培时使用的参考配方。

5. 木屑培养基　木屑70%，麦麸25%，玉米面3%，蔗糖1%，石膏粉1%。

木屑使用疏松的阔叶树木屑，并经3~6个月堆积，栽培的金针菇产量可达70%。如果采用普通阔叶树木屑，生物学效率只有50%左右。

6. 稻草培养基　稻草70%，麸皮25%，玉米面3%，石膏粉1%，蔗糖1%。稻草切成2～3厘米长，用清水浸泡4小时并水洗沥干，然后拌料。

四、栽培场所

金针菇栽培一般是在室内进行。国外采用工厂生产，而在我国北方地区因冬天气温低，一般采用防空洞、地沟、菜窖、半地下温室（暖棚）等进行金针菇栽培。利用人防工程、地道、菜窖等场所进行栽培袋培养要注意通风、散湿，预防杂菌感染。城市可在人防工程内栽培，农村可采用半地下温室（暖棚）进行栽培。如果建造专用栽培室，必须注意附近场所卫生。不可选择靠近酒厂或酱油厂等易受杂菌感染的地方，农村不宜选在堆肥舍和畜舍附近建造菇房。如因条件限制也应建在畜舍和堆肥舍的上风口，而且栽培房的门应避开畜舍和堆肥舍。利用北方菜窖在冬季和早春适当加温栽培金针菇，产量高，质量好，效益高，是较理想的栽培场所。

烟叶产区还可利用烘烤烟的烤烟房进行菌种及栽培袋培养，冬、春季节烤烟房闲置，室温过低，可利用烟道早晚加温，提高温度。养蚕区可利用养蚕室培养栽培袋。

为充分利用空间，培养室内要放置床架（木架或铁架），床架规格一般宽1米，长度不限，层间距50～60厘米，底高20厘米，一般3～4层。床架之间留人行道，便于操作，人行道宽60～70厘米。床架最好用油漆刷好，以延长使用寿命。培养室在摆放栽培袋前要进行消毒，可采用福尔马林熏蒸法或硫黄熏蒸法。

五、栽培袋制作

1. 培养基配制　我国各地栽培金针菇的原料来源广泛，现以棉子壳培养基和木屑、玉米芯培养基为例，分述其配制过程：

（1）棉子壳培养基配制　采用棉子壳或废棉团为主要栽培原

料，配制方法较为麻烦。因为棉子壳和废棉团都不易吸水，所以在制作前，要提前加水预湿。方法是：称取定量的棉子壳或废棉团，先摊开成圆形状，中间薄、料少；周围厚、料多些。之后准确称取棉子壳料的1.5倍自来水缓慢加到棉子壳中，边用铁锹翻边加水拌匀。棉子壳和废棉团吸水性能差，翻拌多遍，也难于均匀，因而加水量按比例加入后，通过搅拌机或人工翻动，可使定量的水通过长时间预湿，缓慢流入棉子壳内部，不易出现加水量过多或太少的情况。另外，废棉团比棉子壳更难于吸水，所以一般采用放置于水池中浸湿，之后用压榨机榨干，其水分控制在1.5倍左右。预湿后，把棉子壳或废棉团堆成小山状，用薄膜盖好，让水分渐渐吸进棉子壳内部。

自然季节栽培金针菇，制袋时间安排在秋季，气温已逐渐下降，特别是夜间更低。一般是当天傍晚预湿，第2天早上使用。棉子壳预湿后，再称取定量已过筛的木屑或玉米芯、麸皮、石膏粉充分搅拌均匀，再按料水比1∶1.5倍比例称足水量，把1%的白糖或红糖溶于水中，之后缓缓加进料中，翻料2～3遍。最后把预先预湿好的棉子壳和翻拌好的木屑、麸皮等料再混在一起翻拌均匀即可。目前，有条件的栽培户可购置拌料机，操作时，只要分别把预湿棉子壳、木屑、麸皮等投入拌料机，开动2～3分钟即可完成。不但提高工作效率，减轻劳动强度，而且拌料均匀，效果更好。

如果拌料时加水太多，处理办法只有根据多余水量计算出应该再加入棉子壳和木屑、麸皮的干料量，重新翻拌。否则，含水量太多，灭菌不易彻底，常有细菌滋生，金针菇菌丝无法正常生长，呈波浪状。同样，如果发现培养基偏干，水量不够，必须及时加进定量的水，再翻拌几次。因为水分太少，培养基干燥，金针菇菌丝生长不正常，影响金针菇产量。金针菇在生长过程中不能在子实体上喷水，所以在配制培养基时，准确的加水量是非常关键的。

同时，还应在培养基配制前预先测定水的 pH 值。金针菇适合偏酸性培养基，pH 值在 6～6.5 之间适合金针菇菌丝生长。我国个别地区没有自来水，使用当地的井水或河水拌料。盐碱地的水 pH 值高达 8.0 以上，不适合金针菇生长。同样，在培养基中不能随意添加石灰粉，有的栽培者在培养基中加入废料，为了提高成功率，加入 5％～8％ 的石灰粉，结果培养基 pH 值高达 8.0 以上，不但金针菇菌丝生长不好，也不能正常出菇，导致上万袋金针菇菌袋报废。

（2）木屑培养基配制　木屑大多数来源地板块厂或木器厂加工后掺杂在一起的阔叶树锯末，因而单纯木屑加麸皮培养基栽培金针菇产量低。目前，大部分地区基本不用这种培养基配方。但在缺乏棉子壳等地区具有丰富的林木资源，可选用疏松的软质树种木屑，边堆积边淋水，堆积 3～6 个月后使用。或在烈日下一边曝晒一边加水搅拌，连续曝晒数天后备用，使木屑内的树脂或单宁等有毒物质流失。经过上述处理后，木屑可提高吸水性，并且能使金针菇菌丝生长，提高产量。

木屑在拌料前一定要先过筛，拣掉坚利的木片和杂物，以防刺破塑料袋。配制时，根据配方称取定量的木屑或玉米芯、麸皮、石膏粉等原料，先搅拌均匀，然后加入干料与水比例为 1∶(1.5～2) 的水（干蔗渣料水比为 1∶2），糖放入水中溶解，一边加糖水一边翻拌 3～4 遍，直至均匀为止。

2. 装袋　装袋前，先检查塑料袋有无破损，封口是否牢固。装袋时，先抓一些培养料装入袋中，用手指把袋底部的两端边角向内压（如果塑料袋为折角袋，可省去这道程序），把培养基压紧，使之成圆形，让袋底能平稳直立地面。然后再抓一些培养料，在袋子中间插 1 根直径 2.5 厘米、长 25 厘米、前端尖细的圆木棍。围绕着木棍（打洞用）用手指把木屑压紧后，一边装培养料，一边用手压实。在培养料中间打洞目的是有利金针菇菌丝上下生长，缩短栽培袋培养时间。袋要装紧，让培养料紧贴袋壁，表面要光滑，不可凹凸不平，防止金针菇子实体从袋壁空隙处长出造成浪费，也可预防培养基表面菇蕾发生数减少。装袋高度以18～20厘米为宜，装料量为0.4～0.5千克干料（或湿料1～1.1千克）。装完后，把培养料表面预湿压紧压平，把木棍逐步旋转并慢慢拔出。再把塑料袋上端沾培养料的地方擦干净后套上套环，并用手把塑料袋与套环接触处压紧，以便接种时操作方便。之后塞上棉塞，棉塞松紧要适度。塞入袋内的棉塞要平滑，而且紧贴套环，无沟纹，不要让棉塞接触到培养料，以防潮湿引起杂菌污染。也可采用套环和无棉盖体封口，套环套好后，盖上无棉盖体，一定要压紧。最后用布擦去沾在塑料袋外部的培养料，便可进锅灭菌。进锅时要注意在搬运的容器中垫上塑料布或报纸，因为塑料袋上针眼大小的孔洞，都会造成杂菌污染。

也可以利用装袋机装袋，工作效率更高。装袋机有两种，一种是单袋的装袋机，另一种是同时可装12袋的装袋机。单袋装袋机还分立式装袋机和卧式装袋机，一般金针菇装袋机采用立式装袋机。单袋卧式装袋机装袋时，将塑料袋套在装袋机的料筒上，一手抓住塑料袋上端出口处，另一手托住塑料袋底部，让培养料自然均匀地进入袋内，装完后从料筒上取下，把培养基表面压平，再在中间打洞，之后套上套环，塞上棉塞。单袋机每小时可装300袋。单袋立式装袋机装袋时，先将塑料袋吹开并套在装袋机料筒上，双手把住料袋口，脚踏离合使培养料随搅龙立式螺旋装入料袋内，并且直接打通气孔，取下料袋，套上套环，盖上无棉盖体即可。12袋的装袋机是由福建漳州芗城区食用菌机械厂加工生产，它每次可装12袋，同时完成，速度更快，装完袋后操作程序与单袋机相同。采用2袋的装袋机装袋速度比手工快，但它没有人工装袋装得紧，塑料袋破损率高，而且装袋后在培养基中间打洞的塑料袋经灭菌后，洞口经常又被培养基塞住，未能起到使菌丝上下生长的作用。

3. 灭菌　栽培袋装完后，要及时进行灭菌，以杀死混在培养料中的杂菌，这是栽培袋制作做成功的关键措施之一。

塑料袋体积大、装料多，灭菌时间要比菌种瓶长。灭菌可采用高压或常压两种方式。但无论是高压灭菌或是常压灭菌。塑料袋如果像瓶子那样重叠斜向排放，栽培袋易被挤压，袋壁会出现空隙，栽培时袋壁处易发生菇蕾而影响培养基表面出菇。同时，栽培袋堆积在一起，灭菌也不彻底。最好采用周转筐装袋，便于灭菌和短途运输。

高压灭菌时间根据不同培养料和不同装量而定，如 0.4 千克/袋的木屑和玉米芯培养基，一般在 0.11～0.14 兆帕（1.05～1.5 千克/厘米^2）压力下灭菌 2 小时；棉子壳培养基则需要 3 小时，如果装料量是 0.5 千克/袋，则要延长至 2.5 小时才能达到彻底灭菌。灭菌完毕，关闭进气阀门或电源，让温度逐渐下降。塑料袋高压灭菌特别要注意排气不能太早，应让压力自然下降到"0"以后，再慢慢打开锅盖，让蒸气逐渐排掉，防止因蒸气压力太大，造成塑料袋膨胀或爆破。要注意让锅中剩余的热蒸气逐渐把棉塞烘干，以减少根霉、黄曲霉、脉胞霉等杂菌为害。灭菌的塑料袋在搬运过程中，注意在放置塑料袋的容器中垫报纸或塑料布，防止扎破栽培袋。

采用高压蒸气灭菌设备，必须经常检查灭菌锅的安全阀、压力表、排气阀是否失灵，是否被异物堵塞，锅盖螺旋是否拧紧，以防发生故障和事故。

常压灭菌是利用常压灭菌锅或通进 100℃ 水蒸气进行灭菌。在常压 100℃ 温度条件下，塑料袋灭菌时间需 8～10 小时，才能杀死培养料中的各种杂菌。装锅时，栽培袋之间要留有空隙，使蒸气能够均匀流通，锅内的水要加够，并备有添加热水的锅，使灭菌能顺利进行，灭菌具体操作方法与菌种制作相同。

4. 接种　经过灭菌的塑料袋必须冷却至 25℃ 或室温时方可接种，一般塑料袋灭菌后的第 2 天即可接种，夏天不超过 3 天，冬天不超过 5 天接种为好。否则不仅培养基易失水，而且污染率高。接种关键是严格无菌操作，正确掌握接种技术，动作力求熟练准确、迅速。接种前要做好两项准备工作：一是选择质量合格的菌种，菌龄以不超过2个月为宜。如果菌种瓶中长有小原基，只要时间短，原基未发生腐烂或变色仍可使用，接种时把原基弃除即可。已长出子实体且菌盖开伞的菌种，因已弹射出担孢子，菌种纯度降低，不能使用；二是接种前要进行消毒，除去物品表面上的杂菌。塑料袋接种可采用接种箱、接种室（帐），有条件的栽培户还可采用离子风机进行接种。

（1）接种箱消毒及接种 接种前严格消毒是取得接种成功的关键。栽培种和栽培袋放进接种箱前要进行消毒，接种箱进行消毒灭菌有两种方法。

①紫外线照射消毒法 紫外线照射前，用3％煤酚皂水溶液喷雾接种箱空间，降低空气中的尘埃和杂菌，之后打开30瓦紫外线灯照射30分钟。紫外线灯照射时，不可开照明灯，以免使杂菌孢子造成光复活。关灯后3～5分钟，打开照明灯接种，夏季高温高湿也可用气雾消毒盒或菇保1号烟雾剂4～6克/米^{3}熏蒸取代煤酚皂水溶液喷雾消毒，以免造成夏季高温高湿毛霉污染。该法消毒效果好，接种方便，时间短，对接种人员皮肤刺激少。

②福尔马林熏蒸消毒法 每立方米空间用福尔马林10毫升倒入蒸发皿或罐头瓶中，放在酒精灯上加热，让甲醛蒸发。或采用甲醛10毫升和7克高锰酸钾进行氧化还原反应，30分钟后接种。

消毒灭菌后开始接种。先点燃酒精灯，右手持接种勺在火焰上灼烧灭菌，左手握住塑料袋套环并靠近火焰处，用右手小指头夹住棉塞从套环中拔出，再由接种勺剔除菌种表面的老菌块、原基等，并将菌种挖成小块，在靠近酒精灯火焰的无菌区内，把菌种块送入栽培袋内，菌种接入时要求迅速，尽量缩短时间，注意不可让火焰碰到塑料袋，也不可让手碰到接种勺前端和菌种块，最后把棉塞置于火焰上灼烧并塞回套环内,一般1瓶栽培种可接30~40袋。

(2) 接种室(帐)消毒及接种　接种室空间面积大,摆放塑料袋数量多,接种速度快,效率高,但污染率也高。

为提高接种室消毒灭菌效果,先将室内打扫干净,再用清水或3‰煤酚皂水溶液喷洒以增加空气相对湿度,增强灭菌效果,喷完后再采用福尔马林熏蒸,程序如下:把接种工具、酒精灯、栽培袋放入接种室内,菌种棉塞上用塑料薄膜包扎后也放入接种室内。用10毫升/米^{3}甲醛和7克/米^{3}的高锰酸钾一起熏蒸消毒。经过12小时后再进行接种,熏蒸时要注意门窗关紧,防止漏气。因甲醛气味大,可放置一小杯氨水自然挥发,产生无毒无味乌洛托品。也可直接加热碳酸氢铵5克/米^{2}分解产生氨气,达到减少刺激的目的。也可采用4~6克/米^{3}气雾消毒盒熏蒸消毒。

接种方法同接种箱,但需2~3人配合,1人专门传递栽培袋,1人解袋口,1人挖菌种块在酒精灯火焰处接种,一般每小时可接种200袋,以一次接种1小时,或温度不超过28℃或200袋为标准。

(3) 离子风机接种　采用离子风机接种,要选择在密闭的房间内或者培养室。先用3‰煤酚皂水溶液喷雾消毒(空间),30分钟后,将离子风机拿入房间或培养室,插上电源开机,5分钟后,在离子风机前有效接种范围内进行接种,接种方法同接种箱。一般3人配合,1人传递栽培袋,2人接种。

六、发菌管理

1. 培养室消毒　采用硫黄熏蒸法:按硫黄用量10~15克/米^{3}熏蒸消毒。先把木屑、木炭或刨花置于铁盆或瓷盘中,再把硫黄倒在上面,将其点燃,使硫黄燃烧,进行熏蒸。注意室内不要放置金属器具,因二氧化硫有腐蚀作用;同时因二氧化硫气体比重大,气体下沉,应放置在高处架上进行熏蒸;熏蒸时要关闭门窗,使培养室密闭,一般熏蒸24小时。消毒后打开门窗通风12小时，排除气味，将栽培袋放进培养室。培养架要放报纸或塑料布，以防扎袋。塑料袋排放时，应晃动栽培袋，让少量菌种掉进孔内，加速金针菌丝生长，缩短培养时间。高温季节培养时袋与袋之间要留2～3厘米间隙，以利散热。

2. 温度、湿度、光照、氧气综合控制　培养过程不需要光照，对空气也不敏感，空气相对湿度控制在60%。可采用空调设备，控制温度在20℃～25℃之间，而且要求前高后低，即前期22℃～25℃，后期20℃～22℃，低于18℃时会发生未长满袋而出菇现象；发生这一现象按再生法技术管理，产量较高且稳定，直接出菇会影响产量。采用简易设备生产的栽培户，气温升高时，打开门、窗，进行通风散热，降低培养室温度。天气寒冷时，栽培袋可放置在保温好的培养室，塑料袋间可靠在一起，以利袋间传热及保温，同时门窗紧闭，提高室内温度。如果培养室温度低于10℃，室内采用电炉加温措施。一般可采用导电温度计、调压器和电炉3种配套的自动控温设备控制温度变化，此法比暖式空调机加温省电，成本低。

3. 杂菌检查及处理　金针菇菌丝生长快，接种后30分钟菌丝即恢复生长，5～6天菌丝即可封住培养基表面并伸入料中。一般接种后2～3天检查菌丝萌发及杂菌污染情况。检查时要轻拿轻放，防止栽培袋扎破，减少污染机会。检查方法是：用手托栽培袋底部，仔细查看菌种块周围是否污染杂菌，不可用手提套环检查，防止因套环移动造成空气中的灰尘和杂菌从棉塞或无棉盖体进入袋内引起杂菌污染。一般5～7天检查1次。当金针菇菌丝封住袋口料面并长到培养料内1厘米后，7～10天检查1次。

检查杂菌时，发现栽培袋破损应及时用胶布贴上，防止破洞污染的杂菌扩散。发现污染较轻的栽培袋应及时进行二次灭菌，并重新接种金针菇菌种。因杂菌量少，营养没被吸收利用，没产生抗生素，不会影响金针菌丝生长速度和产量；污染严重的栽培袋应及时移出栽培室焚烧或深埋处理。由链孢霉（脉胞霉、面包霉）引起的污染是由高温、高湿、不通风及破袋造成的，症状是在塑料袋表面形成一团红色或红黄色球状物，发现后应及时处理，否则红色链孢霉孢子散发，导致更多栽培袋污染。如果菌袋已长满金针菇菌丝或大部分已长菌丝的栽培袋，应将栽培袋深埋地下 30 厘米，并浇 1 次透水，造成厌氧条件，1 个月后，链孢霉死亡后挖出正常出菇；如果污染栽培袋刚刚生长金针菇菌丝，可用沾煤油的报纸或旧布将栽培袋包住，集中放至炉内焚烧或深埋，千万不可捡出放至室内集中清理。封面后污染的栽培袋，只要金针菇菌丝生长良好，这些菌袋可集中放在一个栽培房，采用直接出菇法进行出菇管理，出完第 1 潮菇后废弃，产量也可达 70% 左右。

金针菇栽培袋经过 30 天培养即长满栽培袋，不同培养基和不同含水量生长速度差别较大。其中棉子壳加木屑及木屑培养基生长速度快，菌丝较壮，25 天可长满栽培袋；而纯棉子壳培养基菌丝强壮，生长缓慢，一般 35 天长满栽培袋。含水量达 65%～70% 的培养基菌丝生长缓慢，菌丝强壮；培养基含水量 55%～60% 的菌丝生长快，菌丝较弱，一般两者相差 5～7 天。

4. 防治虫害和鼠害　发现蟑螂应及时扑灭，并用治蟑螂的药粉笔画圈，防治效果好。鼠害应预防为主，首先将培养室洞口及门窗堵好，进出门要用木板块或石条卡住，防止老鼠进入。发现老鼠可采用撒药、电击等方法，否则塑料袋被咬破后感染杂菌。

七、出菇管理

金针菇菌丝培养期较短，而出菇至收获时间较长。出菇期是决定金针菇产量和质量的关键时期。因而，从栽培开始到栽培后期都不能疏忽。同时，由于金针菇原基发生快，菇蕾朵数多，可达几百至千个以上，比其他发生朵数少的菇类（一般仅数个至数十个）管理更要细致，才能栽培出产量高、质量好的金针菇。

我国金针菇袋栽初期，栽培方法较为单一，多采用直接出菇法栽培，随着栽培技术不断积累和完善，袋式栽培技术和栽培方法多种多样。有搔菌法栽培管理技术、再生法栽培管理技术、直接出菇法管理技术和两头出菇法管理技术等。但不管采用哪一种技术，对栽培金针菇来说，最关键是采用优良金针菇菌株和高产培养基配方。几十年来，我国已选育出如杂交19号等高产的金针菇菌株，也筛选出高产的培养基配方。选用其中任何一种栽培技术，生物学效率均可达到100%，已高于国外栽培的生物学效率，下面逐一介绍各种栽培法的管理技术。

1. 搔菌法管理技术　金针菇和平菇一样，属于菌丝繁殖后很快产生子实体的品种，同时又是能产生很多菇蕾的品种，因而搔菌法管理是金针菇栽培管理中的一项重要技术。通过搔菌去掉老菌种块，培养基表面长出新菌丝，新菌丝有生命力，长出子实体能力强，同时，菌柄伸长好，比不搔菌硬挺，并能生出菌盖圆形、菌肉厚的金针菇。所以搔菌法管理具有能够培育出生长整齐、菌柄挺拔、质地优良的金针菇。搔菌必须及时，接种后第20天开始搔菌和每隔10天以后进行搔菌比较结果：第30天搔菌比第20天搔菌减产21%，第40天搔菌减产47%，而第50天搔菌的出菇差，出菇日数变短（因菌龄很长），发生朵数减少，而且不整齐，质量下降。因此，一旦金针菇菌丝长满栽培袋后，必须尽快搔菌，800毫升菌种瓶搔菌延迟1天，减产2.5克，搔菌延迟5天，减产5克。搔菌是否及时关系金针菇产量高低。所以，当金针菇菌丝长到袋底后，菌丝培养阶段结束，把栽培袋及时移至黑暗的栽培室进行搔菌。

(1) 搔菌　具体方法：先将棉塞和套环去掉，再把塑料袋上端部分完全撑开，从袋口处把塑料袋往下卷至离培养基表面3～4厘米处，然后把培养料表层菌膜连同老菌块一起轻轻耙去并去除。不可把培养料耙去，否则，菌丝难以愈合，损坏菌丝，推迟出菇时间。搔菌所用工具可用焊条或粗铁丝做成一个直角弯钩的手耙，然后把弯曲处（1～2厘米长）敲平，也可用铁丝做成3～

4个齿的手耙,如大规模栽培,搔菌方法可尽量简单,即戴上消毒的医用塑胶手套,把培养基上的菌种块拣去即可。为了防止杂菌浸染,搔菌工具使用前要在酒精灯火焰上灼烧灭菌后使用。搔菌过程中,如发现染上杂菌的栽培袋,搔菌工具必须重新清洗并消毒后再使用。

(2) 催蕾 是金针菇栽培管理中最关键的技术措施,它关系到金针菇产量高低和质量优劣。催蕾好的栽培袋产量高、质量好。催蕾差的栽培袋管理十分困难,再认真细致管理也难以补救,产量低,质量差,柄粗、盖大。所以在金针菇栽培管理过程中一定要掌握好催蕾技术。催蕾关键是有适合的温度、水分和空气,才能产生大量的菇蕾。虽然金针菇在5℃~20℃范围内都能形成原基,但子实体未必都是优质的。在低温条件下发生的金针菇菌柄数量少,在高温条件下发生的菌柄参差不齐。金针菇菇蕾大量发生温度13℃~14℃。所以搔菌后栽培室温度必须调节在13℃~14℃,各地所选择的栽培季节要安排在该温度范围内出菇。除适合温度外,搔菌后另一个主要问题是提供适宜的空气相对湿度,防止培养基干燥。因为搔菌后培养基暴露在空气中,与培养阶段有棉塞塞住塑料袋袋口保湿不同,这时敞开的袋口极容易受到栽培室内外条件影响。如果培养基过干,妨碍菌丝再生,菌丝恢复不好,不仅原基很难形成,发生率低,长出来的子实体参差不齐,并容易在瓶(袋)和培养基空隙处(因湿度较合适)形成子实体。同时因表面培养基过干,除出菇差之外,培养基表面菌丝活力降低,抵抗力差,杂菌容易侵入,特别是极易发生木霉和细菌。一旦杂菌浸染培养基表面,极易产生根腐病。为了促进搔菌后栽培袋原基的形成,栽培室空气相对湿度控制在85%~90%之间。

具体管理方法:在栽培室地面、过道喷水保湿,同时在塑料袋口上覆盖无纺布、薄膜或报纸进行保湿。采用报纸遮盖保湿是我国金针菇栽培初期使用的方法,虽然使用报纸少花钱、成本低，但因报纸面积小，喷水后易破洞，使少量水积存在培养基中妨碍菇蕾发生，需经常把水倒出，极不方便，而且报纸油墨中含有铅，子实体伸长后极易和报纸粘在一起。铅对人体有毒，含铅的金针菇对人体有害，因而用报纸遮盖已被淘汰。

覆盖物以无纺布保湿效果好，它是一种具有一定空隙度、既能通气、又能保湿的人造纤维布。无纺布长度可根据栽培场地大小随意裁剪。保湿时，采用在无纺布上喷水方法，但必须使用细眼喷雾器，雾滴要小，不能让无纺布上有积水，以防水渗入无纺布而流入栽培袋中，引起培养基表面积水。一旦发现栽培袋中有积水要及时倒掉。否则，不仅子实体不易发生，培养基还容易腐烂发臭。简便方法是把无纺布浸入水中，然后捞起稍拧干，再盖在塑料袋上保湿，不但湿度均匀，并可避免水流入栽培袋。

采用无纺布保湿是福建三明真菌研究所经过多年实践证明极其实用的一种方法，南北方均可使用，效果好。无纺布色泽以深色为好，既能保湿，又可防止光线进入，使子实体色泽呈浅色。除此之外，采用 0.01～0.02 毫米厚的薄膜覆盖，也是较好的一种保湿方法。它可多次使用，大面积栽培极为方便。但气温较高季节出菇最好不要使用。因气温偏高，盖上不透气的薄膜后，容易导致子实体发生病虫害，而且保湿效果不如无纺布好。

栽培室内可搭培养架，培养架层数根据栽培室而定，以 4～5 层较适宜，层数太多，操作不便，而且因摆放数量多，影响通气。一般搔菌后，从底层开始向上排放，排好后，覆盖湿的无纺布，无纺布比床架宽 20 厘米、长度多 30 厘米，盖上袋后下垂 10 厘米，使喷水时不易滴入袋栽培中。

室内每天早、中、晚各喷水 1 次，保持无纺布湿润，空气相对湿度达 85%～90%。4～5 天后，搔菌的培养基表面形成一层白色絮状物，且出现琥珀色水滴，这是原基出现的前兆，此时应进行通风换气，氧气不足会抑制原基发生，延长出菇时间。

每天利用喷水期间揭开覆盖物通风 1 小时，加大通气量，促进原基快速发生。轮流打开门窗，不要同时打开，以免造成对流使培养基干燥，很难发生子实体原基。2～3天后，料面出现无数白色或淡黄色小突起——原基，再经过2～3天，原基长满袋口料面，菇蕾长满袋口料面则可高产，否则影响产量。

温度、空气相对湿度和氧气是催蕾的三个要素。13℃左右出菇快，菇蕾数最多，低于13℃出菇慢；13℃～18℃之间出菇快，菇蕾数少；高于18℃形成的菇蕾和原基枯萎死亡。氧气不足影响菇蕾产生数量及产量，延迟出菇。空气相对湿度是出菇的决定因素，空气相对湿度应保持在85%～90%。

（3）出菇管理　最初发生的子实体数量有限，但伸长后，从菌柄基部发生侧枝，使菌柄数量增加。其中菌柄细和发生晚的分生能力差，不能充分伸长。因此，金针菇生育初期应给予低温、微风吹和光照，即抑制阶段。抑制阶段温度在4℃～6℃，二氧化碳浓度为0.01%～0.02%之间，空气相对湿度在80%～85%，光照度为1～2勒克斯，即保持栽培室黑暗。这一阶段采取通风换气和覆盖交替进行，通气量充足，子实体整齐，水菇少，质量好；通气量不足，菌盖不能正常形成而生成针尖菇。

菌柄长度达到3～4厘米时，提高塑料袋口，袋口高于子实体5厘米，一般分2次拉高。子实体长出袋口，菌盖易开伞。也可采用普通17厘米×33厘米栽培袋或（18～20）厘米×38厘米的套袋。当菌柄长度达3～4厘米时，将套袋套在栽培袋上。菌盖碰到覆盖物，易发生腐烂或产生细菌性斑点病。高温和通气不良造成靠近袋旁的子实体枯萎、腐烂。空气相对湿度过大，易发生根腐病，菌柄基部易变成黑褐色。

这一阶段室温在4℃～16℃之间，空气相对湿度逐渐降低，起始控制在80%～85%，然后降到75%～80%；保持栽培室黑暗，使子实体色泽浅，有光泽；对二氧化碳要求更高，不要经常掀开覆盖物，每天掀覆盖物通风15～20分钟，抑制开伞，促进菌柄生长。如果发现一丛金针菇中有一至数朵长得特别快，盖大柄粗，应从基部拔掉，否则造成其他小菇萎缩，影响产量。当金针菇柄长达 15 厘米时即可采收。采收应成袋采收，连同基部一起采下。

（4）转潮管理　第 1 潮菇采收后，去掉培养基表面残菇和残柄，把塑料袋口卷至离培养基 2～3 厘米处，上面盖覆盖物保湿。喷水时，经常掀动覆盖物通气；温度要求控制在 13℃，培养基表面即出现菇蕾，但第 2 潮菇蕾数量比第 1 潮少。

第 1 潮菇采收后，如果遇到高温，残余的菌柄数量多而且变成褐色，要用搔菌耙把菌柄基部残余物耙去（第 2 次搔菌）。但不可把培养基整层或整块耙掉，否则影响出菇时间。搔菌时，不能划破栽培袋，以免造成菇蕾从破洞口长出，影响正常生长。划破袋口用塑料胶带粘住或用大头针别住，也可将塑料袋剪掉，换一个较大的塑料袋。搔菌后原基发生慢，一般 7～8 天形成原基，而且大部分原基靠近袋口边缘。管理方法与第 1 潮菇基本相似，但要特别注意喷水保湿，覆盖物盖住培养基表面，防止开伞。当气温高于 18℃ 时，会出现菌盖和菌柄变软萎缩现象，这是由于气温高和袋内水分供应不足造成的，应及时将子实体耙掉，重新产生。第 2 潮菇采后应清理干净料面，浸水 2～3 小时，再进行正常出菇管理。

2. 直接出菇法管理技术　金针菇菌丝长满栽培袋后直接出菇的方法，称直接出菇法。该法技术简单，比搔菌法早出菇 3～5 天，周期短。国内市场销售的金针菇不要求等级，可采用这种方法。

（1）接种　栽培袋接种量大，菌种布满培养基表面。因为第 1 潮菇在接种块上直接出菇。这样才能高产，一般每瓶菌种接 25～30 袋。

（2）催蕾和出菇管理　当金针菌丝长满栽培袋后，移到栽培室，去掉棉塞和套环，把袋口向下卷到距培养基表面 3～4 厘米，不必进行搔菌，直接在袋口盖上湿的无纺布保湿，进行催蕾管理。4~5天老菌块上长满菇蕾，第1潮菇采收后，将上面的老菌块耙掉倒出，进行第2潮菇管理。第2潮菇采用搔菌法进行催菇管理。这种方法子实体不整齐，但产量高，操作简单，成功率高，不易污染。

3. **再生法管理技术** 根据金针菇菌柄上产生第二次分支的再生特性，待菌丝长满袋底后，调节温度和光线，诱导培养基表面形成原基。原基在袋内因二氧化碳浓度高而不断伸长，菌柄细长，不形成菌盖。待菌柄长到一定数量后，翻折袋口，露出菌柄，进行通风干燥，利用已近枯萎的菌柄在适宜的湿度条件下再生出无数细小的原基（侧枝），形成数量极多的子实体，称"金针菇再生法"。1986年由福建晋江市菇农发明推广，此法优质、高产，但要求管理水平高。

（1）制袋技术 培养料配制与装袋过程和搔菌法管理技术相同。

栽培袋培养基含水量要高些，以70％为宜，以利老菌柄再生时水分的补给。上套环时，要求把套环尽量向下拉，套在距离培养基表面3~4厘米处。套环如果套得过高，袋内培养基表面第1次发生的原基数量多，菌柄长得很长，再生菇个头大，影响金针菇品质，而且产量不高；如果套得过紧，不仅不易接种，而且长出来的很多菌柄因空间小、通风差，一旦开袋不及时容易烂掉，因而套环技术是其中的关键。如有的栽培户制袋采用线绳扎袋，省去套环和塞棉塞工序，一般不用再生法栽培出菇。这是因为用绳子扎栽培袋通气差，原基数量少，再生后原基很难长满整个袋口。但如果在接种时换上套环和棉塞，仍可采用该项技术出菇。

（2）接种技术 按常规方法接种。为了使培养基表面生长的菌柄再生出数量较多的菇蕾，菌种用量要大。接种时把菌种适当搅碎，均匀布满在培养基表面，一般每瓶栽培种接种25~30袋。但如果采用麦粒制作栽培种，接种量不必太多，因为麦粒小且菌种量多，长出非常多而细的菌柄，反而对再生菇不利。接种时，在培养基表面各部位均匀分散数粒麦粒种即可。采用麦粒种长出的菌柄再生侧枝出菇快，整齐、强壮。

（3）培养措施　接种后置23℃培养，一般25天可长满栽培袋。菌丝长满袋后可直接移入栽培室或把培养室温度降到10℃～15℃之间，再通过散射光线诱导原基发生，促进袋内菇蕾形成。

（4）栽培管理

①再生技术　再生法与搔菌法和直接出菇法不同的是：要先在栽培袋套环与培养基表面空间内形成原基。当原基形成后，不急于打开袋口，让原基继续生长。待菌袋内料面上长出的菌柄长达2～4厘米，菌袋侧壁薄膜鼓起时开袋。但要注意必须掌握好黄色金针菇菌柄（细须状）不能变褐色，白色金针菇菌柄没有变黄时开袋，否则开袋后容易烂菇，这是"再生法"栽培的关键技术。如果因栽培袋无法进行恒温培养，菌丝尚未长到袋底，而培养基表面子实体已达到上述要求时，也可开袋进行出菇管理。但如果料面上发生的子实体稀疏，数量很少时，不要急于打开袋口，否则再生子实体数量少，影响产量。开袋时，将棉塞、套环拔除，把塑料袋口向外折起卷至离料面2～3厘米处，把子实体向下压，使之倒伏并紧贴培养料表面。如果个别栽培袋菌柄太长，可用剪刀修剪；如果有的栽培袋菌柄上已长出菌盖，可用剪刀剪去菌盖（棉塞没塞紧的栽培袋会出现这种情况）。开袋后加强通风，袋口不盖湿布或报纸，使针尖菇逐渐失水枯萎，变成深黄色或浅褐色，然后再从干枯的菌柄上形成新的菇丛。枯萎有以下几种方法：一是在原来的培养室内进行栽培的，把翻折后的栽培袋直接置于培养架顶层，利用顶层或上层空气相对湿度较低的条件让针尖菇逐渐枯萎；二是在室内放置旋转式电风扇，采用机械吹风方法加快菌柄枯萎速度；三是将栽培袋放在通风较好的房间，把门窗打开，形成对流，逐渐使其枯萎。

翻卷后，机械吹风或风量大的地方枯萎速度快，1～2天后，原有纤细菇柄干枯变色，但要注意风量不可过大，针尖菇如果剧烈枯萎，容易枯死，再生效果差。最好是微风吹干，一般经过2天即逐渐枯萎，气温低时需3～4天。要注意这个阶段栽培室内的空气相对湿度不可太高，如果超过90%，仅仅针尖菇尖端部分萎缩，一旦停止吹风，又开始继续恢复生长，无法提高产量。原基枯萎时的空气相对湿度以75%～80%为宜。掌握原基枯萎程度是再生法技术关键。适宜枯萎程度简单判断方法是：菌柄没有完全发软，用手触摸菌柄有轻微硬实感即可。通风吹干过程结束后，置于栽培架顶层的要搬回最底层，在底层地面上洒水，利用底层较高的空气相对湿度使枯萎后的菌柄上形成密集菇蕾丛。采用机械吹风和通气吹风的栽培袋上面要覆盖湿布，让栽培袋培养基表面菌柄和布块之间形成一个较高的空气相对湿度环境条件，使接近枯萎的菌柄吸湿恢复。利用菌柄具有再生侧枝能力特性诱导长出第2次原基。一般经过2天后，在栽培袋原枯萎菌柄上又重新形成新的、整齐、密集的菇蕾。

②出菇管理 当菌柄伸长到3厘米、菌盖直径2～3毫米时，将塑料薄膜袋口拉起来，一般是一次性直接拉上来的方法简单些，但该法影响塑料袋四周的部分子实体未能正常生长，而且当气温升高时，栽培袋内通气量少，子实体长到一半时，袋中部子实体因缺氧和缺乏适合的空气相对湿度而枯萎，仅剩下部分子实体正常生长，产量降低。特别是白色金针菇品种更要注意采用二次拉直袋子方法，防止气温突然升高或通气不良时子实体腐烂。塑料袋拉直后，栽培管理要处理好光线、通气、温度和空气相对湿度之间的关系。黄色金针菇要求光线黑暗些，培养出来的子实体色泽淡。窗户可挂黑色遮盖物或草帘，轮流打开通风，门口采用窗纱框式门，利于通气，也可控制强烈光线照射。为了保持足够的通气量，培养架层与层之间距离要求60厘米以上，最底层距地面80厘米。如果层间距过低，栽培袋数量多，氧气少，再生的菇蕾很难长成正常的子实体。

当自然气温较低时，拉直后的袋子比较容易管理，只要在地上喷水，保持85%～90%的空气相对湿度，子实体即可整齐、均匀地生长。当气温高于16℃时，因再生法子实体极多，要把袋与袋之间拉开2～3厘米距离，以降低袋与袋之间的温度。地上不能大量喷水，防止高温、高湿引起菌盖发生细菌斑点病。而干燥的空气相对湿度可使斑点病较难发生。当菌柄长至8厘米左右时，如果空气相对湿度小于85%，可在塑料袋口覆盖湿布，既可保湿又能抑制开伞。当菌柄长到12厘米接近采收时，空气相对湿度降到80%。同时为了防止菌盖开伞，可用干的遮盖物遮住袋口。

一般开袋后12天、拉直袋子1周左右，菌柄即可长到15厘米。再生的菌柄粗细均匀，基部至顶端色泽淡黄色至白色，稍有光泽，十分整齐。菌盖直径1.3～1.5厘米，大小一致，外观漂亮。子实体成熟后，根据市场需要进行采收。商品菇标准是菌盖1.3厘米、菌柄长15厘米左右，但因再生菇要去除基部旧菌柄部分，所以可在菌柄18厘米时采收。鲜售菇可在菌柄20厘米、菌盖1.5厘米采收。采用再生法栽培的金针菇，第1潮菇每袋平均产量可达250克以上（350～400克干料），最高可达400克。

采完第1潮菇后，耙去培养基表面老菌种块及其残柄，将塑料袋薄膜上端重新套入塑料环及棉塞，继续培养10～15天，第2潮原基即可发生，仍采用上述方法进行管理。但由于第1潮菇采收后，培养基含水量下降较多，要及时在"再生"时于塑料袋口覆盖含水量较多的湿布、无纺布，促进菇蕾迅速再生和再生后的子实体生长发育。

如果袋内含水量降低明显，可采取培养1周后，直接向袋内倒水，让水淹没培养基，经3～4小时后，倒去多余水分，再把棉塞轻轻塞住，可促使第2潮的纤细金针菇菌柄尽快发生。第2潮菇从再生开始至采收大约需要10天，菌柄较短、菌盖大，产量、质量和整齐度均比第1潮菇差，培养基也严重收缩，一般采完第2潮菇后即把栽培袋丢弃，也有采完第1潮菇（产量高达

300克以上）后丢弃。

再生法栽培黄色金针菇，每袋栽培料干重400克，第1潮菇产量为250～300克，第2潮菇100～150克，生物学效率超过100%。再生法栽培的白色金针菇产量主要集中在第1潮，因而每袋干料重以300～350克为宜。第2潮白色金针菇菌柄短、数量少、开伞快，经济效益差，一般采完第1潮菇后即丢弃。采完1潮菇的培养基营养丰富，也可将培养基晒干粉碎，再加入50%新料栽培金针菇或其他食用菌，进行循环利用。

利用再生法栽培的金针菇基部是老菌柄，因而不能食用。必须把基部老菌柄剔除干净，食用从老菌柄上再生出来的子实体。如果气温较高时，基部特别大，浪费多。因而再生法栽培的金针菇不受制罐厂家和消费者欢迎。

第五章 病虫害防治

我国金针菇生产发展迅速,病虫害种类和数量也随之增加,必须加强病虫害的防治。我们往往重视化学防治而轻视生物防治、物理防治和生态防治。这在越来越重视食品安全的国际消费潮流中,成为我国食用菌产品走向世界的致命弱点,也成为环境污染的一大隐患。在"关税壁垒降下去,绿色屏障树起来"的今天,推广应用病虫害防治综合防治技术,成为当务之急。病虫害防治要强调"预防为主、综合防治",制定并落实各项预防措施,尽量采用农业防治手段,不用或少用化学农药。

第一节 竞争性杂菌

杂菌与金针菇关系相当于杂草与作物的关系,它们并不像病原菌那样直接侵害金针菇,而是通过在培养基质上生长,与金针菇争夺养分,同时形成毒素,抑制金针菇菌丝生长。因此也常称其为竞争性杂菌。为害金针菇杂菌主要是霉菌类、少数的高等真菌、细菌和黏菌。

一、木霉

木霉又称绿霉,木霉是金针栽培中的第一大病原菌。常见种类有绿色木霉和康氏木霉。属菌物界,真菌门,半知菌亚门,丝孢纲,丝孢目,丛梗孢科,木霉属。

1. 为害症状 木霉是侵害金针菇最严重的一种杂菌,凡是适合金针菇生长的培养基均适宜木霉菌丝生长。在菌种携带木霉或在接种过程中消毒不严格、接种室内木霉孢子浓度高的情况下,接种面上落入木霉孢子，孢子迅速萌发繁殖将接种面覆盖，使金针菇菌丝失去培养基而停止生长，导致接种失败。在出菇期，菇体在不良环境下生长受阻，抗性降低，极易被木霉浸染。菇体被浸染后，停止生长，软化、溃水，进而菇体布满木霉菌丝。

2. 发病条件

（1）培养料本身带有大量木霉孢子，如果灭菌不彻底，引起菌种瓶或菌种袋内的木霉分散出现，即同时出现在瓶（袋）的各个部位。

（2）接种过程中，由于接种室或接种箱消毒灭菌不彻底，空气中带有木霉孢子，接种时孢子落入瓶（袋）内，这种情况发生的污染出现在瓶（袋）口附近表面。

（3）菌种本身带有木霉或接种工具带有木霉而发生污染，这种污染数量较多，木霉都在接种点长出。

（4）瓶（袋）（特别是塑料袋）有破裂缝口或棉塞松动，使接种后的菌种在搬运排放过程或培养过程进入木霉孢子而发生污染，这种污染发生在破裂缝口下面，有时只要塑料袋上有一个针尖大小的孔洞，木霉孢子也可进入。

（5）灭菌后的栽培瓶（袋）在冷却过程中，由于冷却室内空气中有大量木霉孢子沉降到瓶（袋）外表或棉塞上，接种时进入灭菌室或接种箱内而引起污染。

3. 防治方法

（1）保持制种和发菌场所环境清洁干燥，无废料和污染料堆积。制袋车间与无菌室有隔离，防止拌料时尘埃与灭菌栽培袋接触。

（2）栽培袋厚度达 0.5～0.55 毫米，无微孔。

（3）配制培养基配方时，尽量不加入糖分。培养基内水分控制在 60%～65%，过高水分易引发木霉繁殖。

（4）培养基要彻底灭菌，灭菌过程中防止降温和灶内热循环不均匀现象。常压灭菌 100℃保持 10 小时，高压灭菌 121℃～

126℃保持 2.5 小时以上。

(5) 密封冷却，及时接种，适当增加接种量。

(6) 保证菌种纯度和活力。

(7) 保证接种室和接种箱高度无菌，可有效地降低接种过程的污染程度，接种室应设缓冲间，在菌袋进入前要进行消毒。

(8) 低温接种，恒温发菌。

(9) 加强发菌期检查，发现污染袋需及时运出，降低重复污染概率。

(10) 保持出菇场所卫生，菇房保持通风，适当降低空气相对湿度，减少喷水次数，及时采菇，摘除残菇、断根和病菇，清除污染菌袋。

二、曲霉

浸染金针菇培养基的曲霉主要有黄曲霉、黑曲霉和灰绿曲霉。属菌物界，真菌门，半知菌亚门，丝孢纲，丝孢目，丛梗孢科，曲霉属。曲霉菌丝有隔，无色、淡色或表面凝集有色物质。分生孢子单胞，球形或卵圆形。孢子呈黄、绿、褐、黑等各种颜色，因而曲霉菌落呈现各种颜色。

1. 为害症状　在金针菇制种、制袋和发菌过程中，曲霉污染也很普遍，尤其在夏季高温高湿季节，空气相对湿度偏高，瓶口棉塞受潮时极易产生黄曲霉。在灭菌过程中，常因温度不稳定或保持时间不够，导致灭菌不彻底，基质中的曲霉孢子未被杀死，经 10～15 天后袋内出现斑点状的曲霉菌落，而导致全锅培养料报废。在夏季多雨季节，曲霉污染发生严重，从母种到栽培袋都可遭到不同程度的损失。PDA 琼脂培养基上常因棉塞受潮感染黄曲霉，进而污染至试管内的菌种。在麦粒或各种培养基中，常因水分过多，麦皮、谷皮开裂，遭受曲霉浸染而报废。

2. 发病条件　曲霉分布十分广泛，能在有机残体、土壤、水等环境中生存，分生孢子随气流漂浮扩散。孢子萌发温度在 10℃～40℃之间，最适合生长温度为 25℃～35℃。培养基含水量在60%~70%生长最快；如培养基含水量低于60%则生长受到抑制。分生孢子较耐高温，在100℃时8~10小时或125℃下维持2.5~3小时才能彻底杀灭基质内的曲霉孢子。

3. 防治方法　防止灭菌过程中棉塞受潮，一旦发现，在接种箱内及时更换灭菌的干燥棉塞。接种时严格检查菌种瓶棉塞上是否长有曲霉。接种前菌种瓶口或试管口都需在酒精灯火焰上灼烧灭菌后才可使用。

三、根霉

根霉属菌物界，真菌门，接合菌亚门，接合菌纲，毛霉目，毛霉科，根霉属，常见根霉为黑根霉。

1. 为害症状　受根霉污染的培养基或培养料无明显的菌丝生长，只有平贴基物表面匍匐生长的菌丝，后期在基物表面0.1~0.2厘米高处形成许多圆球形的小颗粒体。初形成时灰白色或黄白色，成熟后转变为黑色。明显特征是黑色颗粒状霉层。

2. 发病条件　根霉平常生活在各种有机物质上，适应性强，孢囊孢子从孢子囊散发后在空气中漂浮，沉降到有机物质表面后，在一定温度、湿度条件下萌发生长，由于根霉没有气生菌丝，因此，污染培养料后其扩散速度和范围不像木霉及毛霉那样快和那样大。

3. 防治方法

（1）培养料要选用新鲜干燥无霉变的原料，拌料时麦麸或米糠用量比例控制在10%以内。

（2）用干料重量0.1%的50%多菌灵拌料。

四、毛霉

毛霉属菌物界，真菌门，接合菌亚门，接合菌纲，毛霉目，毛霉科，毛霉属，常见种有大毛霉和微小毛霉。

1. 为害症状　受污染的培养基或培养料初期长出灰白色粗壮稀疏的菌丝，生长速度快于金针菇菌丝生长速度。后期气生菌丝顶端形成许多圆形小颗粒体，初为黄白色，后变为黑色。

2. 发病条件　毛霉生活在各种有机物质上，形成的孢子成熟后在空气中漂浮，沉降到有机物质表面后，只要温度、湿度适宜，就可萌发长出菌丝。在温度较高和空气相对湿度较大条件下，生长迅速。在菌种生产过程中，培养料消毒灭菌不彻底，接种室或接种箱灭菌不彻底，或工作人员操作时没严格按无菌要求操作，或菌种瓶、菌种袋棉塞受潮，或接种后培养室温度过高等，均可造成毛霉污染。

3. 防治方法

（1）选用新鲜干燥无霉变的原料，拌料时麦麸或米糠用量比例控制在20％以内。

（2）用干料重量0.1％的50％多菌灵或干料重量0.2％克霉灵拌料。

五、链孢霉

链孢霉无性世代属菌物界，真菌门，半知菌亚门，有性世代属菌物界，真菌门，子囊菌亚门，子囊菌纲，粪壳菌目，粪壳菌科。

1. 为害症状　在菌种转管扩大培养中，如果受链孢霉污染，呈灰白色、疏松棉絮状的气生菌丝很快就可长满整个试管斜面上的空间，并很快大量形成链状串生的分生孢子，使菌落呈淡红色粉状。原种或栽培种生产过程中受链孢霉污染后，灰白色菌丝在培养料内扩展迅速，向下生长可到瓶（袋）底部，向上可扩展到棉塞上，并很快在棉塞外面形成肉红色至红色的分生孢子堆，厚度可达1厘米，并将整个瓶（袋）口包围而看不到棉塞，稍触动或震动，分生孢子就像撒粉一样扩散，菌种瓶（袋）内菌丝由灰白色转变成黄白色。与生长速度很快的毛霉相比较，链孢霉菌丝纤细，生长致密，颜色较白，而毛霉菌丝粗壮，稀疏，分支较少，颜色为灰白色。与木霉污染相比，前期相似，但不久木霉就会出现淡绿色的分生孢子，且木霉气生菌丝较少，在菌种瓶（袋）中，一般不长到棉塞上面。

2. 发病条件　该病菌在自然界中分布广泛。空气中到处都漂浮有病菌的分生孢子，当分生孢子沉降到有机物表面后很快萌发生长。培养料消毒灭菌不彻底、接种室或接种箱消毒灭菌不彻底、接种时工作人员没有按照无菌操作规程、棉塞受潮后未更换、菌种袋有破损、接种用的原种带有杂菌等都可造成链孢霉对培养基或培养料的污染。此外，菌种培养室空气相对湿度高、通风不良有助于链孢霉发生和传播。链孢霉菌生长在各种有机物质上，如潮湿的玉米芯、木屑、玉米秆以及棉子壳等，均极易发生。因此，菌种和栽培场所内外的环境卫生条件，也与杂菌污染有直接关系。

3. 防治方法

（1）菌种生产和栽培场所环境卫生必须搞好，废弃培养料及菌种瓶、菌种袋要及时处理或深埋，不让链孢霉生长及传播。

（2）培养料灭菌时，必须保证彻底并尽可能避免棉塞受潮吸湿，搬运过程尽可能不损伤栽培袋。

（3）接种室或接种箱每使用1次后要彻底消毒灭菌，保证空气中无杂菌孢子。

（4）操作人员必须严格遵守无菌操作规程。

（5）接种时，将事前准备好的、经过灭菌消毒的棉塞放在接种箱内，发现菌种瓶（袋）棉塞受潮吸湿的要及时更换。可在菌种瓶（袋）棉塞上撒一层石灰粉吸潮防菌。

（6）培养室内放置石灰块吸湿吸潮，降低空气相对湿度。

（7）定期检查，发现受污染的栽培袋要及时取出集中处理，不能等到大量形成孢子时再去处理，以免孢子到处传播。

六、褐色石膏霉

褐色石膏霉又名黄丝葚霉，属菌物界，真菌门，半知菌亚门，丝孢纲，无孢目，无孢科。

1. 为害症状　褐色石膏霉是草腐食用菌及覆土种类常见病害。发病初期，覆土面上出现浓密的白色菌丝体，后渐转变为褐色粉末，形成菌核。该菌可抑制金针菇菌丝生长，推迟出菇时间，发生量大时影响产量。

2. 发病条件　高温、高湿的环境及在偏碱培养料中易发生褐色石膏霉，金针菇培养料水分偏多、温度偏高情况下，菌袋上极易出现褐色石膏霉。褐色粉末状的小菌核在空气中传播，成为二次浸染的病源。

3. 防治方法

（1）掌握培养料含水量适中，防止培养料水分过多。

（2）保持菇房卫生，适当降低温度，增加通风量。

（3）在病块上喷500倍的50%多菌灵，待病灶消失后开始喷水出菇。

七、细菌

污染培养料的细菌种类很多，其中能形成芽孢的芽孢杆菌较常出现，其次是荧光假单孢杆菌和欧氏杆菌等。

1. 为害症状　试管母种受细菌污染后，培养基表面呈潮湿状，有的有明显菌落，有的散发出臭味，金针菇菌丝生长不良或不能生长。栽培过程中培养料被细菌污染后，使培养料变质发臭而腐烂。特别是麦粒菌种发生细菌污染后，菌种瓶壁上有明显的黏稠状细菌液，并散发出细菌腐烂的臭味。

2. 发病条件　污染培养基及培养料的细菌种类很多，来源广泛，空气中漂浮有细菌，各种有机物质上也带有细菌，水中也有细菌。污染细菌以芽孢杆菌的抗高温能力最强，它所形成的休眠芽孢必须通过121℃高压蒸气灭菌或正规间歇灭菌方法处理才能将其杀死。因此，灭菌时冷空气没有排除干净或压力不足，或灭菌时间不够，是造成细菌污染的重要原因。此外，接种室或接种箱灭菌不彻底，操作人员未严格遵守无菌操作规程，或菌种本身带有细菌污染，都是引起细菌污染的原因。从培养基或培养料条件上看，pH值呈中性或弱碱性，含水量偏高，有利于细菌生长；从温度条件上看，高温或温度偏高时有利于细菌生长。

3. 防治方法

（1）在菌种转管扩大培养过程中，首先要保证培养基灭菌彻底。并将经过灭菌的培养基放在 30℃恒温箱中存放 2 天后，经过检查确无细菌污染时才使用；其次是整个操作过程必须严格按照无菌操作规程进行。

（2）扩大接种用的母种或原种必须保证未受细菌污染。如果用小麦做菌种，则要选用没有赤霉病及无破损的麦粒。防止含水量偏高和严格灭菌操作。

（3）将母种培养基的 pH 值应调成偏酸性，抑制细菌生长。

（4）栽培过程中对培养料的原料要求。

①玉米芯、棉子壳等要干燥、新鲜、无霉变。

②培养料进行高温堆制发酵处理，诱发杂菌孢子萌发。

③拌料时用清洁干净的井水或河水。

④用干料重 0.1％的 50％多菌灵或 0.1％甲基托布津拌料。

⑤控制培养料含水量不能过高，培养室温度不能过高。

⑥菌种扩大培养时，可在已灭菌的培养基上加少量的链霉素或其他抗生素，防止细菌生长，保证菌种纯正。但向试管中滴进链霉素时，应在无菌操作条件下进行，以防止细菌污染。抗生素浓度以每毫升含 100～200 单位为宜。

八、酵母菌

1. 为害症状　培养料受酵母菌污染并大量繁殖后，引起栽培袋内的培养料发酵变质，散发出酒酸气味，一般多从培养料中间开始发生。

2. 发病条件　酵母菌是一种分布广泛的杂菌，空气中到处漂浮有酵母菌孢子，许多有机物质表面也有酵母菌。菌种生产或发酵料栽培过程中，会发生酵母菌污染发酵而变质的现象，一是由于消毒灭菌不彻底所引起，特别是采用间歇灭菌或常压一次性灭菌。由于栽培瓶（袋）内装料多和装料紧，加上灭菌时栽培瓶（袋）间排放过紧，热蒸气不能达到栽培瓶（袋）的各个部位，造成灭菌不彻底,加上间歇灭菌,在间歇时料温降不下来,在高温、高湿条件下,有利于培养料内未杀死的酵母菌萌发和大量繁殖,造成培养料发酵变酸变质;二是发酵料栽培时,由于播种时气温较高,加上培养料含水量偏高,也易引起栽培袋发酵变质。

3. 防治方法

(1) 菌种生产时,培养料不要装得过多过紧,菌种袋规格不能过大。装锅灭菌时,栽培瓶(袋)之间应保持一定间隙,以便热蒸气流通。原种或栽培种100℃常压灭菌至少要保持8小时。

(2) 保证接种用母种纯正和接种过程无菌操作。

(3) 栽培时用干料重量0.1%的50%的多菌灵或0.1%的70%甲基托布津拌料。

(4) 控制培养料适宜的含水量,防止含水量过高和气温过高。

(5) 管理用水要求清洁、干净。

九、青霉

青霉属菌物界,真菌门,半知菌亚门。该属内种类多,常见的有指状青霉和白边青霉等。

1. 为害症状 不论菌种生产或栽培过程中,培养基或培养料受青霉污染后,初期出现白色或黄白色绒状菌丝,1~2天后,菌落渐渐转变成绿色或蓝色的粉状霉层。凡有青霉污染的地方,金针菇菌丝生长受抑制或不能生长。

2. 发病条件 由于病菌分布范围广,产生的分生孢子数量多,孢子小,空气中到处漂浮青霉的分生孢子,培养基及培养料受污染的条件与聚端孢霉相同,菇房高温、高湿有利于青霉生长。

3. 防治方法

(1) 培养料要选用新鲜、干燥、无霉变的原料,拌料时麦麸或米糠用量比例控制在10%以内。

(2) 用干料重量0.1%的50%的多菌灵或干料重量0.2%的

甲基托布津拌料。

十、黏菌

1. 为害症状　黏菌营养体是一团多核没有细胞壁的原生质，繁殖体形成有细胞壁的孢子。近年来，在高温、高湿季节，菌袋上常出现黏菌浸染培养基和菇体的症状。发病初期在培养料表面出现黏糊的网状菌丝，其菌丝会变形运动，发展迅速，在1~2天内蔓延成片，并爬向菇体。黏菌菌落颜色有白色、黄白色、橘黄色和灰黑色等颜色，其形状有网络状、发网状等。菌丝消失后则出现黄褐色或深褐色的孢裹果子实体。培养料污染黏菌后出现腐烂和不出菇等症状。子实体被害后，出现病斑、畸形、发僵、腐烂等症状，其产量和质量受到很大影响。

2. 发病条件　含有丰富营养的培养料是黏菌发生的基础，高温、高湿，不通风环境是黏菌快速繁殖的条件。当温度达到26℃~27℃,菇房空气相对湿度达80%以上，培养料表面有积水的情况下，黏菌生长迅速并很快形成孢子。孢子随水、空气和昆虫等传播，进行再次浸染为害，一般在老菇房和出菇期较长的品种中易发生黏菌为害。

3. 防治方法

（1）及时清除栽培废料，适当增强菇房光线、降低菇房温湿度，保持通风状态，可有效控制黏菌生长。

（2）发病区停止喷水，撒石灰让其干燥后挖除病区，喷洒500倍多菌灵抑制黏菌生长，经3~5天后再次用药防治，连续用3次以上药剂，能有效控制黏菌蔓延。

十一、竞争性杂菌预防和综合防治措施

1. 熟料栽培杂菌控制　熟料栽培杂菌污染源主要有培养料带菌（灭菌不彻底）、菌种带菌、接种工具带菌、接种操作外界杂菌侵入和培养期间外界杂菌侵入等。因此，防治要从以下几方面入手：

（1）选用洁净、新鲜、无霉变原料，并彻底灭菌。这是预防杂菌污染的第一道防线。

(2) 认真挑选菌种，杜绝菌种带杂菌。

(3) 科学配料，控制水分和 pH 值，创造不利于杂菌浸染的基质条件。料中麦麸多或加入糖后，霉菌污染率较高；当用豆粉或饼肥粉代替部分麦麸，并无糖时，霉菌污染率可明显降低；含水量偏高时，霉菌污染发生多，含水量偏低时，霉菌污染发生少。

(4) 严格接种，严把无菌操作关。

(5) 创造适宜的培养条件，促进菌丝快速生长，注意场所洁净、干燥，以减少外界杂菌的浸染。

2. 发酵料栽培杂菌控制　发酵料中存在多种微生物。金针菇培养期间，污染能否发生主要取决于培养料微生物区系中各种微生物之间的平衡状态，这种平衡一旦被打破，污染就发生。预防污染通常采取以下措施：

(1) 提高培养料 pH 值，在不影响金针菇菌丝生长的前提下，抑制霉菌生长。

(2) 培养料含水量适当偏干，增加透气性，促进金针菇菌丝生长，抑制霉菌生长。

(3) 加大接种量，促使金针菇菌丝快速生长。

(4) 料中适量加入发酵剂、EM 菌等微生物制剂或多菌灵杀真菌剂，抑制霉菌生长。

(5) 创造利于金针菇生长的环境条件，如温度、通风，促进金针菇菌丝生长，抑制杂菌生长繁殖。

(6) 科学合理发酵，制作利于金针菇生长，不利于杂菌生长的选择性基质，包括适于金针菇菌丝生长的理化性状和微生物区系。

3. 出菇期杂菌污染控制　出菇期不容易出现杂菌浸染，除非环境条件非常不适，如高温、高湿或出菇场所不卫生。出菇期预防杂菌污染有效途径：一是防止高温、高湿，保证通风充分，使出菇环境达到温度、湿度、光照和通风的动态平衡;二是及时清理床面,清洁菇房,保持卫生状态良好。

第二节 病原性病害

一、金针菇基腐病

1. 症状 病害主要发生在菌柄基部,菌柄基部变黑腐烂,整个金针菇子实体倒伏。严重时,针状的幼菇成丛变黑腐烂。

2. 发病条件 病原菌为拟青霉,广泛分布于土壤及多种有机体上,极易传到菇房。培养料较长时间积水或盖有薄膜,床面通风不良,或培养料含水量过高有利发病。

3. 防治方法

(1) 子实体生长期袋口及地面不能有积水。

(2) 发现病害后,立即清除发病子实体,向病区喷洒65%代森锌500倍液,控制病害蔓延。

二、金针菇软腐病

1. 症状 最初在菌柄基部产生褐色水渍状斑点,扩大后病部变软,进而腐烂,并产生一层白色絮状霉层。

2. 发病条件 病原菌是异形葡枝霉,属土壤习居真菌,由空气、覆土、水滴和昆虫传播。培养室温度高容易发病,并且蔓延迅速。

3. 防治方法

(1) 创造不利于病害发生条件。用2%石灰水喷洒菇床面,使酸碱度维持在6.5~7,适合金针菇菌丝生长而不利于病菌生长;金针菇发菌期,菇房内空气相对湿度控制在68%~70%,以促进金针菇菌丝生长;在子实体发育期,空气相对湿度保持在80%~90%,这样也不利于病菌生长,因为病菌生长最适合空气相对湿度是100%。

(2) 清除病菇。一发现病菇,立即摘除,并喷500倍多菌灵消毒病菇周围，或撒食盐覆盖病区，以防止病菌扩展。

（3）化学防治。菌盖发病时用药，一般用药1次。可用50%多菌灵800～1000倍水溶液喷雾；70%甲基托布津500～800倍水溶液喷雾。

三、金针菇细菌性褐斑病

1. 症状　病斑初期菌盖上为针尖状褐色或黑褐色小点，扩大后呈圆形、椭圆形或不规则形，边缘深褐色。数个病斑可愈合成不规则的大斑。菌柄上病斑与菌盖相似。病菌只为害表皮，不导致子实体腐烂，只影响外观。

2. 发病条件　喷洒不干净水把细菌带到子实体上，如果菌盖表面较长时间有水滴或空气相对湿度大，有利病害发生，通风不良加剧病害发展。

3. 防治方法

（1）管理用净水，出菇期菇房温度调到15℃以下，每次喷水后要立即进行通风换气。

（2）发病初期去掉病菇，对病区喷有效氯为0.02%～0.03%的漂白粉水溶液。

四、金针菇褐腐病

1. 症状　褐腐病又叫褐色腐败病，是金针菇生产中常见的一种病害。发病初期，在子实体菌盖和菌柄上出现褐色斑点，最后引起子实体变成褐色并腐烂，出现褐色液体，散发出恶臭气味。此外，还可引起金针菇菌丝消失，不出菇。

2. 发病条件　褐腐病是由细菌引起的。在温度偏高、空气相对湿度大和通风不良的条件下发生。主要是使用不清洁的水和使用不洁塑料袋而感染病害。

3. 防治方法

（1）拌料用水要用清洁的井水，河水和自来水，不能使用污水。

（2）培养料要求新鲜干燥，不能使用变质料和污染严重的菌渣。

(3) 菇房在使用前，应喷 100 国际单位的链霉素或 3％漂白粉液进行喷雾杀菌处理，杀灭菇房内病原菌。

(4) 在染病初期，在菇体上喷洒 100 国际单位的链霉素抑制病菌繁殖。

(5) 感病严重的要及时摘除病菇，及时在袋口内和菇房内喷洒杀菌剂，杀灭病原菌，防止扩散传染。

(6) 菇房内保湿用水要清洁，不能使用污水。注意不要在子实体上喷水过多。

(7) 套袋用塑料袋要求清洁、干燥，套袋不宜使用多次，有水的套袋不能使用。

第三节　生理性病害

一、丛枝病

1. 症状　在栽培袋口或栽培瓶口上长丛生菇蕾后，不分化出菌盖，或菌盖生长停止，只长菌柄，并在顶端出现许多枝，形成许多似针状的分支。

2. 发生原因　主要是二氧化碳浓度过高和空气相对湿度偏大引起的。

3. 防治方法　诱导出菇期间，给予适当散射光照，诱导子实体形成并分化出菌盖；套袋作业不宜过早，待子实体长 2～3 厘米长，并且生长整齐，菌盖发育良好时套袋；套袋时，袋口不要封得过紧，留有少量缝隙，以便空气流通；当菇房内空气相对湿度偏大时，要及时通风排湿。套袋后，不宜向菇房喷水。

二、针头菇

1. 症状　子实体呈胡须状，无菌盖，顶端尖细，中下部稍粗，形似针头，故名针头菇。

2. 发生原因　主要是由于出菇室内通风不良、二氧化碳浓度超标。此病常发生于环境空气不流通的地沟、地道。

3. 防治方法　发生针头菇后应立即加强通风，降低二氧化碳浓度。可把覆盖物掀开，待菌盖发育正常后再按金针菇栽培管理方法管理。

三、联体菇

1. 症状　典型症状是在子实体上又长出数个乃至十几个孪生菇。菇体发育小，呈胡须状。

2. 发生原因　主要是由于长时间高温环境造成的。

3. 预防措施　加强科学管理，注意菇房的通风、通气。

四、疲软菇

1. 症状　子实体不挺直，东倒西歪。通常发生在菌柄中下部，发生后菇体停止生长，最后萎缩死亡。

2. 发生原因　生长期温度偏高和缺氧，致使子实体正常生理活动受阻，导致组织细胞失去正常生理功能而造成坏死。

3. 预防措施　按照子实体发育的不同阶段，采取催蕾、抑制等方法，并要注意通风养菌，使子实体坚实挺直。

五、扭曲菇

1. 症状　表现为菌柄弯曲和扭曲。严重时菌柄似麻花状，失去商品价值。

2. 发生原因

（1）与品种有关，白色菌种较常出现。

（2）菇房光线多变，没有按照要求保持黑暗。

（3）菇丛密度过大，影响生长空间。

3. 预防措施　早期现蕾时，菇蕾密度大应进行疏蕾；菇房光源要集中，四周黑暗，棚顶吊灯，让子实体向上生长，不向四周生长，减轻扭曲现象。

六、早开伞

1. 症状　菌盖还未形成商品菇时就开伞。早开伞的菌盖容易脱落，形成无菌盖的光柄菇，影响质量。

2. 发生原因

（1）与品种有关　有些生育期短的菌种常出现这种现象。因此，在选择菌种时，这样菌种不能使用。

（2）通风过大　控制二氧化碳浓度，减少通风和氧气供应。

（3）培养料中供养失调　一些生育期短的品种，菌丝未发到底就已出菇，使子实体所需养分不能正常供应。培养料含水量不足，造成营养运输困难。早开伞尤其第 2 潮菇更为严重，这是因为培养料中的营养消耗过多，无法满足金针菇继续生长要求。

3. 预防措施　在制种时加大培养料含水量，在配方中辅料比例不低于 25%。另外，在转潮期如袋内水分不足（手拿菌袋，感觉很轻）时应及时补水，并在补水同时添加 0.5% 尿素以补充营养，调节养分供应平衡。

第四节　虫　　害

一、菌蚊发生与防治

1. 症状　金针菇栽培袋中出现菌蚊类害虫后，幼虫取食菌丝体，排泄出液体，引起子实体基部变成褐色，降低商品质量。严重时，将袋口表面菌丝蚕食殆尽，造成出菇减少或不出菇。

2. 防治方法

（1）从栽培袋培养开始做好防虫管理，培养期间，定时喷洒杀虫剂，如 3000~4000 倍溴氰菊酯液等杀灭培养室内菌蚊。

（2）栽培袋的袋口要封严，封口纸上不能有裂缝，防止成虫进入袋内产卵。一旦成虫在栽培袋内产卵，很难防治。

（3）在温度偏高（15℃以上）出菇时，排袋出菇前，喷洒杀虫农药如 3000~4000 倍溴氰菊酯或 1500 倍食用菌专用杀虫剂除虫。子实体生长期间，应使用灭蚊灯或黏虫纸诱杀。

（4）出现虫害后，将为害严重的栽培袋清除烧毁，为害较轻的栽培袋，在子实体长出前，在袋口喷洒杀虫剂灭虫。

二、瘿蚊发生及防治

1. 形态特征　瘿蚊又名小红蛆,瘿蚊成虫形似小蚊子,微小细弱,肉眼很难看见,需用手持放大镜观察。虫体头部、胸部、背面深褐色,其他为灰褐色或淡橘色。幼虫头尖无足。体色多为橘红色或淡橘色,头胸及尾部颜色为无色。老熟幼虫中胸腹面有一黑色突起的剑骨片,端部大而分叉。幼虫可由卵孵化,也可由母体幼虫生殖。每条雌虫平均可产20多条幼虫。幼虫早期在料中为害,造成菌丝稀少,微弱。后期转移到菌丝和子实体。子实体被害,先在菇柄基部繁殖,后爬上菇柄与菇盖交接处,有的钻入菌褶,被虫蚀成伤痕道,呈淡橘红色。一朵菇多者常聚集20~30条幼虫,严重影响金针菇质量和产量。

2. 发生原因

（1）培养料发酵不当　培养料前发酵不透彻,内、外堆翻不均匀,发酵时间过短,消毒不过关。温度不均匀,升温慢或升温达不到要求。

（2）菇房小气候不适　培养料含水量偏高,在出菇期多喷水,造成菇房内空气相对湿度偏大。

（3）栽培环境不良　许多菇农采用旧床架,头一年菇采收后没有彻底消毒；水源不清洁,带病虫杂菌；瘿蚊成虫趋光性强,容易飞入菇房附近繁殖；通风透气不良；使用带病虫杂菌工具。

3. 防治措施

（1）场地选择和菇房消毒　生产场地地势干燥、近水源且清洁。加强房内消毒,并用硫黄加溴氰菊酯1∶1熏蒸,隔5日进行第2次熏蒸。如用旧的菇架竹木,先用水浸数日,沥干、太阳晒,移入菇房内一齐熏蒸。或用2‰的五氯酚钠溶液浸泡消毒。

（2）搞好菇场内外环境卫生　及时清除废料及脏物、腐败物；发菌场地应定期喷洒消毒杀虫剂,如敌敌畏等。出菇房安装纱门纱窗,配合使用黄色粘蝇胶带可以有效阻挡虫源入内,控制外界成虫进入菇场。

(3) 培养料灭菌要彻底　在发酵过程中、翻料要均匀,控制培养料的含水量,防止水分过多。常压熟料栽培时灭菌100℃保持8～10小时。

(4) 栽培袋接种后封口宜用套环封口法　封口纸应用双层书报纸,搬运过程中应防止封口纸脱落,并注意轻拿轻放以免袋破口,如发现栽培袋有破口或刺孔应立即用胶带粘住,以免害虫在破口处产卵为害。

(5) 控制菇房温湿度　生产前期遇到气温回升偏高,及时打开门、窗,并向菇房地面、空间喷水,切实做好菇房通风换气,调节好金针菇生长适宜的温度和空气相对湿度,防止房内温度升高、空气相对湿度偏大。

(6) 药剂防治　培养料翻堆时,用1:1000倍90%的敌百虫乳剂喷拌料,可有效预防害虫发生。也可在虫害发生时喷雾床面。或用50%辛硫磷乳剂1:(800～1000)倍液喷雾。

三、菌螨发生与防治

1. 生活习性　是金针菇制种与栽培中为害较大的害虫,常见的有蒲螨(体小、呈咖啡色、喜群居、行动缓慢)和粉螨(体稍大、粉白色、喜独行、行动快)两种,它们繁殖能力极强,分散活动时肉眼不易发现。螨类主要滋生于粮库、鸡舍等地,多通过麦麸、玉米芯、棉子壳等培养料、菌种、蚊、蝇以及工具等带入栽培室内。螨类对香味很敏感,嗜食菌丝体,在制种和出菇期间均可为害。

2. 为害症状　菌螨直接取食菌丝体,造成接种后不萌发或发菌后出现"退菌"现象,使培养料变黑,甚至腐烂。子实体发生螨害时,大量菌螨爬上子实体,取食菌褶中的担孢子,并栖息于菌褶中,被害部位变色或出现微孔,影响金针菇品质,为害人体健康,人食用含有菌螨的金针菇会引起腹泻等肠道疾病。

3. 防治方法　坚持"预防为主,综合防治"的方针。

(1) 正确选择栽培场所,一定要远离仓库、鸡舍等地。

(2) 严把菌种质量关。

(3) 采用药剂拌料（杀虫剂）和处理培养料（发酵和熟料栽培）等方法确保培养基内不带螨虫。

(4) 培养室在栽培袋进入前彻底灭螨。可用 8~10 克/米^3 的磷化铝熏蒸杀螨；也可用卵螨特、菊乐合酯等杀螨，也可以采用烟叶、菜子饼、猪骨、糖醋等方法诱杀。

第六章 采收加工

第一节 采 收

一、采收

1. 采收标准 金针菇供食用的部分是脆嫩、黄花菜般的菌柄,所以菌柄长而嫩的为一级品。采收标准为菌盖开始开展(即菌盖边缘已离开菌柄时),开伞度达到3分左右,菌盖直径不超过2厘米,菌柄长度13~15厘米,每丛150~200朵为最适时期。幼菇未完全伸长前采收产量低。菌盖完全开展或往上翘时采收,产量虽然增加,但外形差,品质下降,不符合商品菇的要求。即使鲜售金针菇也应在菌盖4~5分开时采收,采收不宜过晚,以防菌柄基部呈褐色,绒毛增加而影响品质。

2. 采收方法 采收时,一手握住栽培瓶(袋),一手轻轻把菇丛整丛拔下。菇柄基部如果带有培养基,用小刀去掉培养基并切齐。采收后,栽培瓶(袋)要进行搔菌,耙去原来老菌块和其他杂质,干燥养菌3~5天后,再盖上报纸喷水并且催菇。第2潮菇管理与第1潮基本一致。但第2潮从菇蕾长出到采收时间短,产量低。发酵料菌床栽培,采菇后要将菌床上散乱的菇根(即菌柄未发育好的部分)全部收拾干净,表面耙去一薄层,再把塑料薄膜擦干净,喷轻水后再覆盖,连喷5~7天,直至下潮菇蕾长出,停止向菌床上喷水。喷水时水滴要细,喷水量要少,菌床不能有积水,以免影响金针菇质量。

金针菇一般可以采收3~4潮,但产量集中在第1、2潮,第3、4潮因产量低,在生产上不合算。瓶(袋)栽从出菇到收获完毕，需 40～60 天，因品种不同而异。瓶栽一般平均产量为 50～80 克/瓶，袋栽平均单产 100～180 克/袋。棉子壳袋栽可达 400～500 克/袋。其中第 1 潮产量可占总产量的 60%～70%。

二、分级

1. 一级　菌盖未开展，直径在 13 毫米以下，菌柄长 14～15 厘米，菇体洁白。鲜度好，无腐烂变质现象。

2. 二级　菌盖未开展，直径在 15 毫米以下，菌柄长度小于 13 厘米，基部黄色至淡茶色，鲜度好，无腐烂变质现象。

3. 三级　菌盖开展，直径在 25 毫米以内，菌柄长度小于 11 厘米，菌柄下部 1/2 呈茶色至褐色。鲜度好，无腐烂变质现象。

4. 等外级　菌柄短，部分菇有腐烂变质现象。

第二节　加工贮藏

一、加工

金针菇除鲜售外，还可进行加工，以调节淡季和旺季供求，满足国内外市场需要。金针菇有许多不同加工方法，主要有罐藏、干制、盐渍和甜渍法等。

1. 塑料袋包装鲜售　采用聚丙烯塑料袋，每袋装 100 克，抽气密封，低温保藏（1℃保藏 14～20天，6℃保藏 10 天，20℃保藏 1 天），供当天鲜售。

2. 低温保鲜　将适时采收的金针菇剔除杂物、霉烂菇，按一定数量装入塑料袋中，置于光线较暗、湿度较大而温度保持在 4℃～5℃的环境中，贮藏 5 天品质不变。采取此法时间不宜过长，超过 1 周以上，金针菇颜色变黄，风味变差。

3. 真空包装　把新鲜无异物、无病虫害的金针菇按一定数量（一般是 500 克/袋）装入塑料袋中，在真空封口机中抽真空，以减少袋内氧气，隔绝鲜菇与外界的气体交换，控制呼吸率，降低代谢水平，常温下可保存 1 周。如果再加上冷藏，则可保藏 1 个月，品质与风味基本不变，这是目前鲜金针菇销售中最有效的一种方法。但此法贮藏时间过长（常温1周，冷藏1个月以上），袋内会由于缺氧使金针菇颜色变黄，风味变差，出现厌氧呼吸，在高度缺氧时，会产生棱状芽孢杆菌毒素，应引起注意。

4. 速冻 把鲜金针菇装于普通塑料袋中，密闭封口，放入 -20℃冰库中贮藏，可保存1年，其风味尚存。这种贮藏方法在解冻后，菇体发软，并呈水渍状，外观较差，但营养和风味均没有多大变化。

5. 干制法 所谓干制法就是把新鲜金针菇变成含水量 10%～12%的干品。根据热源不同，干燥方法也不同。

（1）晒干 把鲜菇（也可用开水烫过）置于烈日下曝晒。此法是最经济的加工方法，既节省能源，成本又低。但费时，一般需2个晴天才能晒至足干。干菇含水量在12%～18%，不耐久藏。本法适用于小规模生产以及加工内销产品。

（2）烤干 用炭火、蒸气、电热、远红外线作为热源在烘箱或烤房中把金针菇烘干的方法。此法快速，产品质量好，但成本比较高。干品含水量在10%～13%，可耐久藏。为了提高产品质量，在干燥过程中应注意如下几个问题：

①烤前鲜菇不能久置于24℃条件下，防止金针菇自身酵解、变质、变色。

②烘烤必须先预热到40℃～45℃。

③起温不能过高，把大批鲜菇送入烤房后，预热到 40℃～45℃的烤房，往往可下降到10℃～15℃。

④随着鲜菇逐渐烘干，逐步把温度升到60℃～65℃。

⑤要通风换气，尽快排掉蒸发出来的水分。

晴天可把鲜菇晒成半干，再进行烘烤，这样既可节省燃料，又可缩短烤干时间。

6. 盐渍

（1）原料菇选择 凡供盐渍加工的原料菇都应适时采收，分级,选取清洁无杂质、无霉烂变质、无病虫为害的鲜菇。

(2) 预煮 把5%～10%的食盐水置于容器中煮沸,再倒入鲜菇,煮沸5～7分钟,捞出,控去水分。

(3) 盐渍 把预煮后控去水分的金针菇按每百千克加25～30千克食盐的比例,逐层盐渍。先在缸底放一层盐,加一层菇,如此反复,达到满缸为度。缸内注入煮沸后冷却的饱和食盐水,水面加盖、加压,使菇浸在饱和盐水内,并加入配好的调整液,使溶液酸度达pH值3.5左右。上盖纱布和盖子,防止杂物混入。加调整液目的是防腐和保鲜,配法如下:偏磷酸55%、枸橼酸40%、明矾5%。用饱和食盐水溶解后即成。

(4) 管理 在缸中插一根橡皮管,每天打气,使盐水上下循环,10天后倒缸1次,20天即盐渍完毕,可装入内包装箱存放。

缸中如果没有打气设施,以促使盐水循环,冬天应7天翻缸1次,共3次,夏天应2天1次,共10次,即可装箱保存。装箱时,要严把质量关并达到规定的重量,再加饱和食盐水,至箱满。酸碱度一定要控制在pH值3.5左右。

另一种盐渍加工方法是:把整理好的原料菇用30%盐水预煮8～10分钟,捞出后放入配好的饱和盐水缸内,不再加盐,上方加盖加压,使菇浸没水内,加上调整液,上面加盖纱布和盖子。管理办法同上。

7. 金针菇罐头

(1) 原料验收与修整 未开伞,菇盖直径0.8厘米以下;菌柄长10～15厘米,上部白色,基部1/3呈淡黄色至黄色,嫩而脆;菇形完整,无畸形,无机械损伤,无病虫斑点,无异味。整丛的金针菇剪去菇根,再切去褐色部分,剔除不合格菇,并进行分级。

(2) 护色、杀青 用0.05%焦亚硫酸钠溶液或0.6%盐水漂2次,再用流水冲洗多次,洗去残存的焦亚硫酸钠溶液,二氧化硫残留量不超过0.002%;金针菇洗净后,及时进行杀青处理,以杀死菇体细胞，破坏酶系统，并使组织软化，增强弹性，以便于装罐。其做法是：将鲜菇放在100℃的0.06%枸橼酸溶液或5%食盐沸水中（菇和溶液比为1∶4）预煮3～5分钟（从投菇后水沸腾计时），以菇体中心熟透为准。预煮液可使用3次（第2次、第3次应适当调酸或调盐浓度）。

（3）冷却、漂洗、分级　杀青后迅速捞起，投入清水中冷却之后，再投入生理盐水中进行脱色，漂洗时间不超过1小时；拣选分级：整装菇A级：菌盖直径0.8厘米以下，未开伞，柄长13厘米左右，色泽白色至乳黄色；整装菇B级：菌盖直径1.0厘米左右，柄长9厘米以上，基部色较深，但不呈褐色；段装菇：菌柄基部切下的褐色部分切段装作"肉絮"罐头，柄段长短基本一致。

（4）过磅装罐、注汤液　520克玻璃罐装金针菇不得少于290克；260克玻璃罐装金针菇145克。装罐前再次检查空罐是否干净、有无破裂。手工装罐时应注意造型美观；装好罐后及时注入70℃汤液，至离瓶口5毫米处，随即加上橡皮圈盖，但不盖紧，将罐放入排气蒸笼内加热排气。

（5）排气封罐、杀菌　采用加热排气法，当罐头瓶中心温度达80℃、汤液涨至瓶口、空气已被基本排除时，及时将罐头放在封口机上封口。真空抽气密封时，要求达到46.67～53.33千帕。封好口的罐置于杀菌筐内保温，准备杀菌；将装有罐头瓶的杀菌筐放入高压杀菌锅内加温或通入蒸气进行杀菌，在98千帕压力下保持30分钟，然后反压冷却。在杀菌锅水中加0.05%亚硝酸钠，可以防止铁盖生锈。

（6）冷却涂漆　杀菌后的罐头要求在40分钟内逐级冷却到罐内中心温度40℃以下。冷却后，将罐盖罐身的水珠擦干。国产马口铁罐盖最好涂上防锈漆保护，以免在存放时生锈。

（7）保温打检　将冷却到35℃左右的罐头立即搬入保温培养室，在37℃下培养5～7天。用自行车钢条逐瓶敲打罐盖检查，剔除变质漏气、浊音等不合格罐。合格者贴标签，入库存放。

(8) 开罐评审　每批罐头按1%～3%抽样，开罐品评。按照成品质量标准评比，把关要严格，保证产品质量。

8. 金针菇脯

(1) 原料处理　选择菇形完整，充实饱满，八九分熟，色泽金黄，无褐变、无腐烂变质的金针菇作为加工原料，用小刀切去菌柄基部老化部分，菌柄长短一致，切割成10～12厘米，洗净备用；将洗净金针菇投入沸水中热烫2～3分钟，捞出后立即投入冷水中冷却，捞出沥干后，将金针菇放入0.5%～1.0%氯化钙溶液或5%石灰水中浸渍10～12小时，然后捞出用清水漂洗3～4次，洗净残液捞出晾干，再放入85℃盐水中浸泡5分钟，移入清水中再漂洗3～4次。

(2) 煮糖液　将35千克水烧开后，加入白糖65千克，添加1～2千克蜂蜜，按0.1%的量加入酸味剂和红曲粉，pH值（酸碱度）在3.8～4.0，烧沸2次后停火，用4层纱布过滤备用，将漂净沥干水分的金针菇倒入已冷却的糖液中，浸渍24小时，再添加适量白糖，继续浸渍24小时。

(3) 煮糖　将金针菇连同糖液倒入夹层锅中，添加适量新配糖液，微火煮沸，至糖液温度达108℃～110℃，折光计测定浓度为75%时起锅。

(4) 胶膜处理　分别配制1%～5%的海藻多糖胶液和氯化钙溶液，配制海藻胶液时需先将其溶解于水中，一边搅拌一边少量加入，搅匀2～3小时便可使用。把金针菇浸入海藻胶液里或在金针菇表面均匀喷涂一层胶液，再放入氯化钙溶液中进行钙化处理成型，即可将金针菇包裹在一层薄而透明的胶膜内，然后将成型后的金针菇放在清水中回漂脱涩。

(5) 整理包装　脱涩后捞出放入暖房或烘箱内50℃～60℃略微干燥，表面"发汗"后，装入硬塑料食品盒或塑料袋中密封保存，检验入库或外运。

9. 金针菇蜜饯

(1) 选料、热烫　将残次金针菇及加工罐头金针菇的下脚料加工成蜜饯,具有一定的经济价值,可充分利用金针菇,减少浪费;将金针菇洗净,在90℃~100℃热水中漂烫1~3分钟,立即冷却,沥干水分。

(2) 硬化保脆　用0.5%氯化钙溶液浸泡漂烫好的金针菇3小时,菇水比为1:1.5,再漂洗干净,沥干水分。此工序也可省去。

(3) 浸冷糖液　将沥干水的金针菇浸泡在40%冷糖液中,时间为3~5小时。

(4) 糖煮　配制65%的糖液煮沸,把冷糖液浸渍好的金针菇倒入,大火煮沸,再以文火熬制1~2小时,再加入1%的枸橼酸,继续熬煮至糖液浓度达70%左右(用糖量计测定)、外观呈金黄透亮时即可出锅。

(5) 烘干包装　将上述金针菇摊放在瓷盘上放入烘房(箱)内,于50℃~60℃下烘5小时,要经常翻动,至蜜饯晶莹透亮、基本不粘手时,即可取出晾冷,用玻璃纸包好,再装入塑料袋中。

二、贮藏

干菇趁热密封于塑料袋或白铁皮箱中。为防止吸湿返潮,箱中可放一些无水氯化钙。为预防虫蛀,可放一小瓶二硫化碳,然后用纸条把箱缝密封好,目前,金针菇主要是鲜售或制成罐头。

附 录

附录一 食用菌生产中的用药与用肥

农药是当今国内外防治食用菌病虫害的主要手段之一。其主要优势是"药效迅速、防效高、适用范围广、防治对象多、生产工业化和施用方法简便"。对农药的合理使用，首先应全面而准确地掌握农药基本知识和方法，否则，将会产生严重的不良后果，如病虫易产生抗性，杀害有益生物，引起人畜中毒、农药残留量超标及食用菌药害等，对无公害食用菌生产、产品销售及人民身体健康等极为不利。因此，在食用菌病虫害防治中，要按照无公害食品标准或绿色食品标准选择和使用药物，传统生产中大量使用的某些高毒、高残药物，将不允许继续沿用。

在食用菌栽培中，菇农为了增加后劲、提高产量和效益，往往需要添加各种各样的营养液。但只有合适地用肥并采用正确的方法，才能达到提高产量和改善品质的目的，否则，会适得其反。

1. 绿色食品蔬菜（食用菌）农药使用准则

（1）A 级绿色食品蔬菜（食用菌）农药使用准则　允许使用植物源、动物源和微生物农药。在矿物源农药中允许使用硫制剂和铜制剂。禁止使用剧毒、高毒、高残留"三高"和致癌、致畸、致突变"三致"的各种农药。值得特别强调的是，在常规蔬菜（食用菌）生产中习惯使用和正在少量使用的违禁农药，在绿色食品蔬菜生产中必须严禁使用，其中如三氯杀螨醇、氧化乐果、呋喃丹（克百威）颗粒剂、灭多威（万灵）、久效磷及甲胺磷等。各类有机合成植物生长调节剂，虽未列出禁用原因，但却不得用于绿色食品蔬菜（食用菌）生产。若实属必需，在生产基地有限度地被允许使用部分有机合成化学农药，并严格按规定的方法使用。若选用新研制生产的化学农药，应报经中国绿色食品发展中心审批。

有机合成化学农药在蔬菜（食用菌）等农产品中的残留量，在绿色食品标准中是从严掌握的，采用国际上最低的残留限量标准或国家标准的1/2。最后一次施药距采收蔬菜（食用菌）产品间隔天数不得少于规定的日期，可见绿色食品生产中的最后一次施药时间远比国家对常规蔬菜（食用菌）生产规定的安全间隔期更长。每种有机合成化学农药在一种蔬菜（食用菌）上的生长期内只允许使用1次的规定，足见绿色食品允许使用次数较国际标准大为减少也就是更为严格。在使用混配有机化学合成农药的各种生物源农药时，所混配的化学农药只允许选用规定的品种，选用新农药品种必须先通过有关部门的审批。在绿色食品蔬菜（食用菌）生产中还要严格控制各种遗传工程微生物制剂的使用。

（2）AA级绿色食品蔬菜（食用菌）农药使用准则　允许使用植物源杀虫剂、杀菌剂、拒避剂、增效剂，诸如除虫菊素、鱼藤根、烟草水、大蒜素、苦楝、川楝、印楝、芝麻素等。允许释放寄生性、捕食性天敌动物，如捕食螨、各类天敌蜘蛛及昆虫病原线虫等。允许在害虫捕捉设施条件下使用昆虫外激素如信息素或其他动物源引诱剂。允许使用矿物油乳剂、植物油乳剂、矿物源农药中的硫制剂和铜制剂。允许有限度地使用活体微生物农药，如真菌制剂、细菌制剂、病毒制剂、放线菌、拮抗菌剂、昆虫病原线虫、原虫等。有限度地使用农业抗生素如春雷霉素、多抗霉素、井冈霉素、农抗120等对真菌病害进行防治。浏阳霉素可用于防治害螨。

禁止使用有机合成化学杀虫剂、杀菌剂、杀螨剂、除草剂和植物生长调节剂。禁止使用生物源农药中混配有机合成化学农药的各种制剂。

2. 绿色食品蔬菜（食用菌）生产适用农药

（1）杀虫剂

①有机磷类杀虫剂　敌敌畏、美曲膦酯、乙酰甲氨磷、伏杀

硫磷、辛硫磷、三唑磷、喹硫磷、毒死蜱。

②拟除虫菊酯类杀虫剂　甲氰菊酯、溴氰菊酯、联苯菊酯、醚菊酯、氯氰菊酯、顺式氯氰菊酯、氰戊菊酯、顺式氰戊菊酯。

③氨基甲酸脂类杀虫剂　呋喃丹、滴灭威、来多威等。

④苯甲酰基脲类杀虫剂　定虫隆、农梦特、灭幼脲、除虫脲。

⑤生物类杀虫剂　爱力螨克、苏云金杆菌、茴蒿素、噻唑酮、川楝素、鱼藤酮、藜芦碱、苦参碱。

⑥其他类杀虫剂　吡虫啉、锐劲特、抑食肼、增效氰马、辛氰混剂。

（2）杀菌剂

①具有保护（预防）作用的杀菌剂　代森锰锌、铜高尚、可杀得、扑海因、乙烯菌核利、双效灵、多果定、混合二元酸铜、百菌清。

②具有内吸收治疗作用的杀菌剂　普力克、克露、三唑酮、噻菌灵、甲基托布津、腐霉利、甲霜灵。

③复方配制的广谱杀菌剂　霜克、杀毒矾、甲霜灵锰锌、灰斑王、多硫悬浮剂。

④兼治真菌与细菌性病害杀菌剂　苯噻氰、敌克松、百菌通、春雷氧氯铜、松脂酸铜。

⑤生物性杀菌及杀病毒剂　农用链霉素、多抗霉素、抗霉菌素120、病毒灵、菌毒清、植病灵。

（3）杀螨、杀线虫剂

①杀螨新药剂　克螨特、速螨酮、双甲脒、卡死克、噻螨酮、浏阳霉素。

②杀线虫剂　二氯异丙醚、苯线磷、克线丹、棉隆。

（4）植物生长调节剂

乙烯利、缩节胺、赤霉素、爱多收、萘乙酸、矮壮素、清鲜素、防落素、多效唑、比久。

3. 食用菌生产中农药使用安全原则

对食用菌生产中遇到病虫害进行化学药剂防治，要遵循农药使用的安全性原则，符合营养学和医药学双重标准要求，严格执行《中华人民共和国农药管理条例》，这是现代农业发展与产品市场准入的基本要求与必然趋势。应做到：

（1）用药前应先熟悉农药性质　应了解杀虫剂和杀菌剂两大类农药的区别，分别用于防治虫害和病害，不能互换；杀螨剂不能替代杀线虫剂；要熟悉农药的理化性质、作用特点、使用方法、合适的浓度与喷洒时间等。

（2）要对症下药　如发生眼蕈蚊、粪蚊可喷500倍美曲膦酯；敌敌畏具有熏杀和触杀作用，对菇蝇类成虫、幼虫和跳虫有特效，但对螨类杀伤力差，还要注意平菇对敌敌畏敏感，浓度稍大就可能产生药害，最好改用美曲膦酯或辛硫磷；而双孢菇对美曲膦酯敏感，最好改用敌敌畏；若有蚊蝇类和螨类同时产生，用辛硫磷和杀螨剂混配效果较好。防治各种霉菌宜采用扑海因（又名异菌脲）、桑迪恩、普克特（又名霜毒威）、百维灵、甲霜灵锰锌（为甲霜灵，代森锰锌配制）、百菌清（又名氟虫晴）、辛硫磷、阿维菌素（又名爱福丁、齐螨素）、乐期本（又名氯吡硫磷、毒死蜱）。

（3）使用合理浓度　要根据药剂种类、病虫害、食用菌不同生长阶段，选用用药浓度。一般播种前堆料及菇房物料消毒用药范围和浓度相对大一些，播种后及出菇前用药要控制在安全范围内，子实体阶段浓度更低一些。如锌硫磷加杀螨剂防治螨类等害虫，堆料到出菇期前用500倍液，而子实体阶段应降至1000倍。

（4）菇期禁用农药　注重菇期预防，并为食用菌生长创造优良的环境，增强本身抗病能力。必须用药时，要选在出菇前，或将菇采净。因为食用菌栽培周期短，药物容易残留而引起食物中毒，进而会对产品的流通与消费产生严重影响；而且这些农药也会对食用菌产生药害。

（5）尽可能选用植物性药剂和微生物制剂　微生物杀菌剂是一种放射性的代谢产物，广谱、安全、无公害。如农用链霉素、春雷霉素、多氧霉素、科生霉素、增产素、E毫原露等微生物农药，植物源农药，如茶子饼、烟茎、除虫菊、苦皮藤、鱼藤精、草木灰、辣椒水等植物制剂，既能防治病虫害，又不污染环境和毒害人畜，而且对害虫不产生抗药性。

（6）用高效低毒低残留的药剂　常用杀菌剂有多菌灵、百菌清、克霉灵、代森锰锌、（甲基）托布津、波尔多液、石硫合剂和硫黄粉等；常用杀虫剂有辛硫磷、敌敌畏、美曲膦酯、杀灭菊酯、磷化铝、杀螨特等。

（7）严禁剧毒高残留农药　无论是拌料、堆料或是菇房防治，严禁选用剧毒、残留期长的有机汞、有机磷等药剂。国家明文禁用的砷酸铅、氟乙酸钠杀虫脒、甲胺磷、甲基1650、DDT、久效磷、对硫磷、氧化乐果、溃疡净、三氯三螨醇、克百威、呋喃丹、西力生、砒霜、杀螟威、毒杀芬等一切氯制农药及剧毒和高残留农药都不得使用。

（8）不同药剂交替使用　避免病菌、害虫产生抗药性而降低药效。

（9）保护天敌　如某些革螨是一些害虫的天敌，应予以保护。

（10）注意人身安全　如磷化铝遇水生成的磷化氢穿透力强，对眼蕈蚊、粪蚊、跳虫、线虫等的防治效果好，且无残毒、广谱、高效，但其本身有剧毒，熏蒸操作时要戴防毒面具，操作人员要2人以上，确保人身安全。

附录二　食用菌菌种生产技术规程

前　言

食用菌菌种生产技术是否规范直接影响菌种质量，从而影响食用菌产品的质量。我国食用菌菌种生产采用母种、原种、栽培种的三级繁育程序。为了实现食用菌菌种生产技术规范化，确保菌种质量，维护菌种生产者、经营者和食用者的合法权益，特制定本标准。

本标准的附录 A、附录 B 均为规范性附录。

本标准由农业部种植业管理司提出。

本标准起草单位：中国微生物菌种保藏管理委员会农业微生物中心、中国农业科学院土壤肥料研究所、农业部食用菌产品质量监督检验测试中心（上海）。

本标准主要起草人：张金霞、贾身茂、王南、左雪梅、申进文。

1 范围

本标准规定了各种食用菌各级菌种生产的生产场地、厂房设置和布局、设备设施、使用品种、生产工艺流程、技术要求和贮存运输要求。

本标准适用于各种各级食用菌菌种生产。

2 规范性引用文件

下列文件中的条款通过本标准的引用而成为本标准的条款。凡是注日期的引用文件，其随后所有的修改单（不包括勘误的内容）或修订版均不适用于本标准。然而，鼓励根据本标准达成协议的各方研究是否可使用这些文件的最新版本。凡是不注日期的引用文件，其最新版本适用于本部分。

GB4789.28－1994 食品卫生微生物学检验染色法、培养基和试剂

GB9687－1988 食品包装用聚乙烯成型品卫生标准

GB9688－1988 食品包装用聚丙烯成型品卫生标准

3 术语和定义

下列术语和定义适用于本标准。

3.1 品种

经各种方法分离、诱变、杂交而选育出来具有特异性、均一（一致）性和稳定性的具有同一个祖先的群体。也常称作菌株或品系。

3.2 菌种

经人工培养并可供进一步繁殖或栽培使用的食用菌菌丝纯培养物，包括母种、原种和栽培种。

3.3 母种

经各种方法选育得到的具有结实性的菌丝体纯培养物及其继代培养物，以玻璃试管为培养容器和使用单位，也称一级种、试管种。

3.4 原种

由母种移植、扩大培养而成的菌丝体纯培养物。常以玻璃菌种瓶或塑料菌种瓶或15厘米×28厘米聚丙烯塑料袋为容器。

3.5 栽培种

由原种移植、扩大培养而成的菌丝体纯培养物。常以玻璃瓶或塑料袋为容器。栽培种只能用于栽培，不可再次扩大繁殖菌种。

3.6 种木

木塞种用的具有一定形状和大小的木质颗粒，也称种粒。

3.7 固体培养基

以富含木质纤维或淀粉类天然碳源物质为主要原料，添加适量的有机氮源和无机盐类，具一定水分含量的培养基。常用的主要原料有木屑、棉子壳、秸秆、麦粒、谷粒、玉米粒等，常用的有机氮源有麦麸、米糠等，常用的无机盐类有硫酸钙、硫酸镁、磷酸二氢钾等，固体培养基包括以阔叶树木屑为主要原料的木屑培养基、以草本植物为主要原料的草料培养基、以禾谷类种子为主要原料的谷粒培养基、以腐熟料为原料的粪草培养基，以种木为主要原料的木塞培养基。

3.8 种性

食用菌的品种特性，是鉴别食用菌菌种或品种优劣的重要标准之一。一般包括对温度、湿度、酸碱度、光线和氧气的要求，抗逆性、丰产性、出菇迟早、出菇潮数、栽培周期、商品质量及栽培习性等农艺性状。

4 技术要求

4.1 技术人员

菌种厂应有与菌种生产所需的相应专业技术人员。

4.2 场地选择

4.2.1 基本要求

地势高燥、通风良好、排水畅通、交通便利。

4.2.2 环境卫生要求

至少 300 米之内无禽畜舍，无垃圾（粪便）场，无污水和其他污染源（如大量扬尘的水泥厂、砖瓦厂、石灰厂、木材加工厂等）。

4.3 厂房设置和布局

4.3.1 厂房设置和建造

有各自隔离的摊晒场、原材料库、配料分装室（场）、灭菌室、冷却室、接种室、培养室、贮存室、菌种检验室等。厂房建造从结构和功能上满足食用菌菌种生产的基本需要。

4.3.1.1 摊晒场

要求平坦高燥、通风良好、光照充足、空旷宽阔、远离火源。

4.3.1.2 原材料库

要求高燥、通风良好、防雨、远离火源。

4.3.1.3 配料分装室（场）

要求水电方便，空间充足。如安排在室外，应有天棚，防雨防晒。

4.3.1.4 灭菌室

要求：水电方便，通风良好，空间充足，散热畅通。

4.3.1.5 冷却室

洁净、防尘、易散热。

4.3.1.6 接种室

设缓冲间，防尘换气性能好。内壁和屋顶光滑，经常清洗和消毒。做到空气洁净。

4.3.1.7 培养室和贮藏室

内壁和屋顶光滑，便于清洗和消毒。培养室和贮存室墙壁要加厚，利于控温。

4.3.1.8 菌种检验室

水电方便，利于装备相应的检验设备和仪器。

4.3.2 布局

应按菌种生产工艺流程合理安排布局。

4.4 设备设施

4.4.1 基本设备

磅秤、天平、高压灭菌锅或常压灭菌锅、净化工作台、接种箱、调温设备、除湿机、培养架、恒温箱、冰箱、显微镜等及常规用具，产量大的菌种厂还应配备搅拌机、装瓶装袋机。高压灭菌锅应使用经有关部门检验的安全合格产品。

4.4.2 基本设施

配料、分装、灭菌、冷却、接种、培养等各环节的设施规模要配套。冷却室、接种室、培养室和贮存室都要有调温设施。

4.5 使用品种

4.5.1 品种

应使用经省级以上农作物品种审定委员会登记的品种，并且清楚种性。不应使用来源和种性不清的菌种和生产性状未经系统试验验证的组织分离物作种源生产菌种。并从具有相应技术资质的供种单位引种。

4.5.2 移植扩大

母种仅用于移植扩大培养原种，1瓶母种移植扩大原种不应超过6瓶（袋）；1瓶原种移植扩大栽培种不应超过50瓶（袋）。

4.6 生产工艺流程

培养基配制→分装→灭菌→冷却→接种→培养（检查）→成品

4.7 生产过程中的技术要求

4.7.1 容器

4.7.1.1 母种

使用玻璃试管和棉塞，试管18毫米×180毫米或20毫米×200毫米，棉塞要使用梳棉，不应使用脱脂棉。

4.7.1.2 原种

使用650~750毫升，耐126℃高温的无色或近无色的玻璃菌种瓶，或850毫升耐126℃高温白色半透明符合GB9687卫生规定的塑料菌种瓶，或15厘米×28厘米耐126℃高温符合GB9688卫生规定的聚丙烯塑料袋。

各类容器都应使用棉塞，棉塞应符合4.7.1.1规定；也可用能满足滤菌和透气要求的无棉塑料盖代替棉塞。

4.7.1.3 栽培种

使用符合4.7.1.2规定的容器，也可使用小于或等于17厘米×33厘米耐126℃高温符合GB9688卫生规定的聚丙烯塑料袋。各类容器都应使用棉塞或无棉塑料盖，并符合4.7.1.2规定。

4.7.2 培养原料

4.7.2.1 化学试剂类

这类原料如硫酸镁、磷酸二氢钾等，要使用化学纯级试剂。

4.7.2.2 生物制剂和天然材料类

生物制剂如酵母粉和蛋白胨，天然材料如木屑、棉子壳、麦麸等。要求：新鲜、无虫、无螨、无霉、洁净干燥。

4.7.3 培养基配方

4.7.3.1 母种培养基

一般使用附录A中第A.1章规定的马铃薯葡萄糖琼脂培养基（PDA）或第A.2章规定的综合马铃薯葡萄糖琼脂培养基（CPDA），特殊种类需要加入其生长所需特殊物质，如酵母粉、蛋白胨、麦芽汁、麦芽糖等，但不应过量。严格掌握pH值。

4.7.3.2 原种和栽培种培养基

根据当地原料资源和所生产品种的要求，使用适宜的培养基配方（见附录B），严格掌握含水量和pH值。

4.7.4 分装

母种培养基的分装量掌握在试管长度的五分之一至四分之一，灭菌后摆放成的斜面顶端距试管口不少于50毫米，原种和栽培种培养基装至距瓶（袋）口不少于60毫米，灭菌后不少于45毫米。棉塞大小松紧要适度。原种和栽培种培养基的松紧度要一致。

4.7.5 灭菌

母种的培养基配制分装后应立即灭菌；原种和栽培种培养基配制后应在4小时内灭菌。母种培养基灭菌$1.1 \sim 1.2$千克/厘米^2，30分钟，木屑培养基和草料培养基灭菌1.2千克/厘米^2，1.5小时或$1.4 \sim 1.5$千克/厘米^2，1小时，谷粒培养基、粪草培养基和木塞培养基灭菌$1.4 \sim 1.5$千克/厘米^2，2.5小时。装容量较大时，灭菌时间要适当延长。灭菌完毕后应自然降压，不应强制降压。常压灭菌时，在2小时之内使灭菌室内温度达到100℃，保持$8 \sim 10$小时。母种培养基、原种培养基、谷粒培养基、粪草培养基和木塞培养基，应高压灭菌，不应常压灭菌。灭菌时应防止棉塞被冷凝水打湿。

4.7.6 灭菌效果的检查

母种培养基置于28℃恒温培养，原种和栽培种培养基经无菌操作接种于GB4789.28—1994中4.8规定的营养肉汤培养基中，于28℃恒温培养，48小时后检查，无微生物长出的为灭菌合格。

4.7.7 冷却

冷却室使用前要进行清洁和除尘处理。地面铺消毒过的塑料薄膜后，将灭菌后的原种瓶（袋）或栽培种（瓶）放置在冷却室中冷却到料温至适宜温度。

4.7.8 接种

4.7.8.1 接种室（箱）的基本处理程序

清洁→搬入接种物和被接种物→接种室（箱）的消毒处理。

4.7.8.2 接种室（箱）的消毒方法

用药物消毒并用紫外线灯照射。

4.7.8.3 净化工作台的消毒处理方法

先用75%酒精或新洁尔灭溶液进行表面擦拭消毒，然后预净20分钟。

4.7.8.4 接种操作

在无菌室（箱）或净化台上严格按无菌操作接种。接种完成后及时贴好标签。

4.7.8.5 接种室（箱）使用后处理

接种室每次使用后，要及时清理清洁，排除废气，清除废物，台面要用75%乙醇或新洁尔灭溶液擦拭消毒。

4.7.9 培养室处理

在使用培养室的前2天，采用药物消毒。

4.7.10 培养条件

根据培养物的不同生长要求，给予其适宜的培养温度（多在22℃～28℃），保持空气相对湿度在75%以下，通风，避光。

4.7.11 培养期的检查

各级菌种培养期间应定期检查，及时拣出不合格菌种。

4.7.12 入库

完成培养的菌种要及时登记入库。

4.7.13 记录

生产各环节应详细记录。

4.7.14 留样

各级菌种都应留样备查，留样的数量应以每个批号母种3～5支，原种和栽培种5～7瓶（袋），于4℃～6℃下贮存，贮存至使用者在正常生产条件下该批菌种出第1潮菇（耳）。

· 111 ·

附录 A

（规范性附录）

母种常用培养基及其配方

A.1 PDA 培养基（马铃薯葡萄糖琼脂培养基）

马铃薯 200 克（用浸出汁），葡萄糖 20 克，琼脂 20 克，水 1000 毫升，pH 值自然。

A.2 CPDA 培养基（综合马铃薯葡萄糖琼脂培养基）

马铃薯 200 克（用浸出汁），葡萄糖 20 克，磷酸二氢钾 2 克，硫酸镁 0.5 克，琼脂 20 克，水 1000 毫升，pH 值自然。

A.3 木屑浸出汁马铃薯葡萄糖培养基

马铃薯 200 克（用浸出汁），阔叶树木屑 50 克（用浸出汁），葡萄糖 20 克，琼脂 20 克，水 1000 毫升。

附录 B

（规范性附录）

原种和栽培种常用培养基及其配方

B.1 木屑培养基

阔叶树木屑 78%，麸皮 20%，糖 1%，石膏 1%，含水量 58%±2%。

B.2 木屑玉米芯培养基

阔叶树木屑 63%，玉米芯 15%，麸皮 20%，糖 1%，石膏 1%，含水量 58%±2%。

B.3 玉米芯培养基

玉米芯 79%，麦麸 20%，石膏 1%，含水量 58%±2%。

附录三 国家食用菌菌种管理办法

第一章 总则

第一条 为保护和合理利用食用菌种质资源，规范食用菌品种选育及食用菌菌种（以下简称菌种）的生产、经营、使用和管理，根据《中华人民共和国种子法》，制定本办法。

第二条 在中华人民共和国境内从事食用菌品种选育和菌种

生产、经营、使用、管理等活动,应当遵守本办法。

第三条 本办法所称菌种是指食用菌菌丝体及其生长基质组成的繁殖材料。

菌种分为母种(一级种)、原种(二级种)和栽培种(三级种)三级。

第四条 农业部主管全国菌种工作。县级以上地方人民政府农业(食用菌,下同)行政主管部门负责本行政区域内的菌种管理工作。

第五条 县级以上地方人民政府农业行政主管部门应当加强食用菌种质资源保护和良种选育、生产、更新、推广工作,鼓励选育、生产、经营相结合。

第二章 种质资源保护和品种选育

第六条 国家保护食用菌种质资源,任何单位和个人不得侵占和破坏。

第七条 禁止采集国家重点保护的天然食用菌种质资源。确因科研等特殊情况需要采集的,应当依法申请办理采集手续。

第八条 任何单位和个人向境外提供食用菌种质资源(包括长有菌丝体的栽培基质及用于菌种分离的子实体),应当经所在地省级人民政府农业行政主管部门审核,报农业部批准。

第九条 从境外引进菌种,应当依法检疫,并在引进后30日内,送适量菌种至中国农业微生物菌种保藏管理中心保存。

第十条 国家鼓励和支持单位和个人从事食用菌品种选育和开发,鼓励科研单位与企业相结合选育新品种,引导企业投资选育新品种。

选育的新品种可以依法申请植物新品种权,国家保护品种权人的合法权益。

第十一条 食用菌品种选育(引进)者可自愿向全国农业技术推广服务中心申请品种认定。全国农业技术推广服务中心成立食用菌品种认定委员会,承担品种认定的技术鉴定工作。

第十二条 食用菌品种名称应当规范。具体命名规则由农业部另行规定。

第三章 菌种生产和经营

第十三条 从事菌种生产经营的单位和个人，应当取得《食用菌菌种生产经营许可证》。

仅从事栽培种经营的单位和个人，可以不办理《食用菌菌种生产经营许可证》，但经营者要具备菌种的相关知识，具有相应的菌种贮藏设备和场所，并报县级人民政府农业行政主管部门备案。

第十四条 母种和原种《食用菌菌种生产经营许可证》，由所在地县级人民政府农业行政主管部门审核，省级人民政府农业行政主管部门核发，报农业部备案。

栽培种《食用菌菌种生产经营许可证》由所在地县级人民政府农业行政主管部门核发，报省级人民政府农业行政主管部门备案。

第十五条 申请母种和原种《食用菌菌种生产经营许可证》的单位和个人，应当具备下列条件：

（一）生产经营母种注册资本100万元以上，生产经营原种注册资本50万元以上；

（二）省级人民政府农业行政主管部门考核合格的检验人员1名以上、生产技术人员2名以上；

（三）有相应的灭菌、接种、培养、贮存等设备和场所，有相应的质量检验仪器和设施。生产母种还应当有做出菇试验所需的设备和场所。

（四）生产场地环境卫生及其他条件符合农业部《食用菌菌种生产技术规程》要求。

第十六条 申请栽培种《食用菌菌种生产经营许可证》的单位和个人，应当具备下列条件：

（一）注册资本10万元以上；

（二）省级人民政府农业行政主管部门考核合格的检验人员1名以上、生产技术人员1名以上；

（三）有必要的灭菌、接种、培养、贮存等设备和场所，有必要的质量检验仪器和设施；

（四）栽培种生产场地的环境卫生及其他条件符合农业部《食用菌菌种生产技术规程》要求。

第十七条 申请《食用菌菌种生产经营许可证》，应当向县级人民政府农业行政主管部门提交下列材料：

（一）食用菌菌种生产经营许可证申请表；

（二）注册资本证明材料；

（三）菌种检验人员、生产技术人员资格证明；

（四）仪器设备和设施清单及产权证明，主要仪器设备的照片；

（五）菌种生产经营场所照片及产权证明；

（六）品种特性介绍；

（七）菌种生产经营质量保证制度。

申请母种生产经营许可证的品种为授权品种的，还应当提供品种权人（品种选育人）授权的书面证明。

第十八条 县级人民政府农业行政主管部门受理母种和原种的生产经营许可申请后，可以组织专家进行实地考查，但应当自受理申请之日起20日内签署审核意见，并报省级人民政府农业行政主管部门审批。省级人民政府农业行政主管部门应当自收到审核意见之日起20日内完成审批。符合条件的，发给生产经营许可证；不符合条件的，书面通知申请人并说明理由。

县级人民政府农业行政主管部门受理栽培种生产经营许可申请后，可以组织专家进行实地考查，但应当自受理申请之日起20日内完成审批。符合条件的，发给生产经营许可证；不符合条件的，书面通知申请人并说明理由。

第十九条 菌种生产经营许可证有效期为3年。有效期满后需继续生产经营的，被许可人应当在有效期满2个月前，持原证按原申请程序重新办理许可证。

在菌种生产经营许可证有效期内，许可证注明项目变更的，被许可人应当向原审批机关办理变更手续，并提供相应证明材料。

第二十条　菌种按级别生产，下一级菌种只能用上一级菌种生产，栽培种不得再用于扩繁菌种。

获得上级菌种生产经营许可证的单位和个人，可以从事下级菌种的生产经营。

第二十一条　禁止无证或者未按许可证的规定生产经营菌种；禁止伪造、涂改、买卖、租借《食用菌菌种生产经营许可证》。

第二十二条　菌种生产单位和个人应当按照农业部《食用菌菌种生产技术规程》生产，并建立菌种生产档案，载明生产地点、时间、数量、培养基配方、培养条件、菌种来源、操作人、技术负责人、检验记录、菌种流向等内容。生产档案应当保存至菌种售出后2年。

第二十三条　菌种经营单位和个人应当建立菌种经营档案，载明菌种来源、贮存时间和条件、销售去向、运输、经办人等内容。经营档案应当保存至菌种销售后2年。

第二十四条　销售的菌种应当附有标签和菌种质量合格证。标签应当标注菌种种类、品种、级别、接种日期、保藏条件、保质期、菌种生产经营许可证编号、执行标准及生产者名称、生产地点。标签标注的内容应当与销售菌种相符。

菌种经营者应当向购买者提供菌种的品种种性说明、栽培要点及相关咨询服务，并对菌种质量负责。

第四章　菌种质量

第二十五条　农业部负责制定全国菌种质量监督抽查规划和本级监督抽查计划，县级以上地方人民政府农业行政主管部门负责对本行政区域内菌种质量的监督，根据全国规划和当地实际情况制定本级监督抽查计划。

菌种质量监督抽查不得向被抽查者收取费用。禁止重复抽查。

第二十六条　县级以上人民政府农业行政主管部门可以委托菌种质量检验机构对菌种质量进行检验。

承担菌种质量检验的机构应当具备相应的检测条件和能力，并经省级以上人民政府有关主管部门考核合格。

第二十七条　菌种质量检验机构应当配备菌种检验员。菌种检验员应当具备以下条件：

（一）具有相关专业大专以上文化水平或者具有中级以上专业技术职称；

（二）从事菌种检验技术工作3年以上；

（三）经省级以上人民政府农业行政主管部门考核合格。

第二十八条　禁止生产、经营假、劣菌种。

有下列情形之一的，为假菌种：

（一）以非菌种冒充菌种；

（二）菌种种类、品种、级别与标签内容不符的。

有下列情形之一的，为劣菌种：

（一）质量低于国家规定的种用标准的；

（二）质量低于标签标注指标的；

（三）菌种过期、变质的。

第五章　进出口管理

第二十九条　从事菌种进出口的单位，除具备菌种生产经营许可证以外，还应当依照国家外贸法律、行政法规的规定取得从事菌种进出口贸易的资格。

第三十条　申请进出口菌种的单位和个人，应当填写《进（出）口菌种审批表》，经省级人民政府农业行政主管部门审核，报农业部审批后，依法办理进出口手续。

菌种进出口审批单有效期为3个月。

第三十一条　进出口菌种应当符合下列条件：

（一）属于国家允许进出口的菌种质资源；

（二）菌种质量达到国家标准或者行业标准；

（三）菌种名称、种性、数量、原产地等相关证明真实完备；

（四）法律、法规规定的其他条件。

第三十二条　申请进出口菌种的单位和个人应当提交下列材料：

（一）《食用菌菌种生产经营许可证》复印件、营业执照副本和进出口贸易资格证明；

（二）食用菌品种说明；

（三）符合第三十一条规定条件的其他证明材料。

第三十三条　为境外制种进口菌种的，可以不受本办法第二十九条限制，但应当具有对外制种合同。进口的菌种只能用于制种，其产品不得在国内销售。

从境外引进试验用菌种及扩繁得到的菌种不得作为商品菌种出售。

第六章　附则

第三十四条　违反本办法规定的行为，依照《中华人民共和国种子法》的有关规定予以处罚。

第三十五条　本办法所称菌种种性是指食用菌品种特性的简称，包括对温度、湿度、酸碱度、光线、氧气等环境条件的要求，抗逆性、丰产性、出菇迟早、出菇潮数、栽培周期、商品质量及栽培习性等农艺性状。

第三十六条　野生食用菌菌种的采集和进出口管理，应当按照《农业野生植物保护办法》的规定，办理相关审批手续。

第三十七条　本办法自2006年6月1日起施行。1996年7月1日农业部发布的《全国食用菌菌种暂行管理办法》（农农发［1996］6号）同时废止，依照《全国食用菌菌种暂行管理办法》领取的菌种生产、经营许可证自有效期届满之日起失效。

附件1 食用菌菌种生产经营许可证申请表（式样）

（　　）菌种生经申字（　　）第号

	申请单位		法定代表人	
	住所			
	电话		邮编	
申请项目	生产、经营地点			
	种类			
	品种名称			
	菌种级别			
	经营方式			
	有效区域			
菌种生产经营条件	申请注册资金	万元	接种室	平方米
	检验人员	人	出菇试验室（场）	平方米
	技术人员	人	生产场地	平方米
	检验室	平方米	经营场所面积	平方米
	控温培养室	平方米	仪器设备	
	贮存室	平方米	自有品种	

申请单位	审核机关意见	审批机关意见
负责人（章） 　年　月　日	负责人（章） 　年　月　日	负责人（章） 　年　月　日

签发许可证	许可证编号	经办人	发证日期

×××省农业厅印制

注：本表一式四份，审批机关、审核机关、工商部门、申请单位各留存一份。

参考文献

[1] 郭美英. 中国金针菇生产 [M]. 中国农业出版社, 2000

[2] 黄瑞贞. 金针菇高产栽培技术 [M]. 金盾出版社, 1997

[3] 刘俊杰, 田敬华. 新编珍稀食药用菌制种技术 [M]. 中国科学文化出版社, 2003

[4] 黄年来. 自修食用菌学 [M]. 南京大学出版社, 1987

[5] 杨新美. 中国食用菌栽培学 [M]. 农业出版社, 1995